インタフェースデバイスの
つくりかた

その仕組みと勘どころ

福本雅朗 [著]

コーディネーター　土井美和子

**KYORITSU
Smart
Selection**

共立スマートセレクション

11

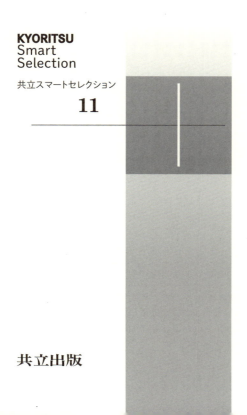

共立出版

共立スマートセレクション（情報系分野）
企画委員会

西尾章治郎（委員長）

喜連川　優（委　員）

原　　隆浩（委　員）

本書は，本企画委員会によって企画立案されました．

図のキャプションに「※コンピュータ歴史博物館蔵」と記載のある写真は，
以下の機関の所蔵品を，許諾を得て著者が撮影したものです．
Computer History Museum in Mountain View, CA（USA）
http://www.computerhistory.org/

まえがき

　「コンピュータ」の姿としてよく描かれるキーボードやマウス，ディスプレイ等は，コンピュータ（電子計算機）自身ではなく，「インタフェース（デバイス）」と呼ばれる部分にあたる．我々人間とコンピュータ（＝情報）の仲立ちをするインタフェースデバイスは，コンピュータの「顔」であるだけでなく，コンピュータの使い勝手を大きく左右する部分でもある．長らくキーボード・マウス・ディスプレイの「インタフェース御三家」の時代が続いてきたが，近年になってウェアラブル（装着型），ユビキタス（遍在型），VR／AR（仮想現実／拡張現実）等の新たな操作方式が次々と登場しつつある．インタフェースを「造る側」にとって面白い時代がやってくるのだ.

　ところが，インタフェースの製作には，ハードウェア・ソフトウェア・メカ等，多種の技術が必要であり，さらには「使い勝手」を適切に評価する必要もあるなど，障壁となる点が多い．そこで本書では，読者の方々が「インタフェースデバイス」を作ろうとした際に，どんな手順で，何に注意しながら作っていけば良いかを，実際の製作例を示しながら，順を追って紹介していく．また，本書の第4章では，現在使われている（あるいは今研究されている）代表的なインタフェースデバイスの構造を紹介している．古典的なデバイスの多くは長い時間をかけて練り上げられた「適切な実現手法」の例とも言えるので，インタフェースを作る際の「知識の引き出し」を増やす上で役に立つだろう．なお，巻末にはインタフェース製作

の際に必要となる考え方を,「勘どころ」としてまとめているので,
参考にして頂きたい.

　読者の方々が,将来インタフェースを設計＆製作することになっ
た時に,本書の内容や考え方を少しでも思い出して頂ければ幸いで
ある.未来のコンピュータが使いやすくなるかどうかは,あなた方
にかかっている.

　2016 年 12 月

福本雅朗

目　次

①　インタフェースとは何か？ ………………………………………　1

1.1　「万能の箱」との対話　1

1.2　インタフェース前史：スイッチ＆ランプから文字へ　2

1.3　ハードウェア部分がインタフェースデバイス　5

1.4　総合力が要求されるインタフェースデバイス製作　6

1.5　使いやすいマウスを作るには…　7

1.6　最も重要なのは，「良し悪し」の判断ができること　8

②　インタフェースのつくりかた ………………………………　15

2.1　ステップ1　ゴールと満たすべき条件を定める　16

2.2　ステップ2　使用頻度を見極める　16

2.3　ステップ3　使用環境（および使用者）の明確化　19

2.4　ステップ4　既存技術の調査　20

2.5　ステップ5　設計　22

2.6　ステップ6　実装とブラッシュアップ　23

③　つくってみよう，インタフェース ……………………　29

3.1　ステップ1　ゴールと満たすべき条件を定める：

「小さくしても使いにくくならないインタフェース」　29

3.2　ステップ2&3　頻度・用途・使用環境の明確化：

「誰もが日常的に使うもの」　31

3.3　ステップ4～6　ケース1　常時装用型キーボード：

装着しながら生活できるキーボードデバイス　32

3.4　ステップ4～6　ケース2　常時装用型ハンドセット：

ウェアラブルな電話とは？　47

3.5　本章のまとめ　60

④ インタフェースの仕組み（定番から未来まで） ……………　67

　4.1　キーボード　67

　4.2　ポインティングデバイス　73

　4.3　ディスプレイ　86

　4.4　音・触覚・嗅覚・味覚　92

　4.5　ウェアラブル・ユビキタス　97

　4.6　VR / AR　105

　4.7　インタフェースの未来　111

付録 インタフェース製作の勘どころ五ヶ条（+α） ………………　127

あとがき ……………………………………………………………　137

とことんこだわるインタフェースデバイスづくりの神髄
（コーディネーター　土井美和子） …………………………………　141

索　引 ………………………………………………………………　145

Box

1. Bit / Calorie …………………………………………………………　24

2. 良いものが普及するとは限らない …………………………………　74

3. アナログを駆逐したデジタル ………………………………………　88

4. 3D と臨場感 …………………………………………………………　93

5. 最後に残るのはインタフェースだけ？ ……………………………　104

6. ミダース王の悩みごと ………………………………………………　105

7. 究極のインタフェースとは？ ………………………………………　113

8. 「おしゃれなデザイン」は使いにくさのサイン！？ ………………　133

9. 「インタフェース屋の眼」を持とう ………………………………　134

インタフェース製作の勘どころ　五ヶ条

其ノ一、「何でも屋」になろう。

其ノ二、「速さ」を常に意識しよう。

其ノ三、K.I.S.S. で行こう。

其ノ四、「世界観」を統一しよう。

其ノ五、「目的外使用」で問題解決。

① インタフェースとは何か？

1.1 「万能の箱」との対話

ここに箱がひとつ．「万能機械．何でも聞いてください．」というラベルが貼られている（**図1.1**）．ところが，箱には押しボタンがひとつと，ランプがひとつあるだけ．

あなたなら，この箱をどうやって使いますか？

まるでクイズのようだが，今我々が使っている**コンピュータ**（Computer / 電子計算機）[1]の本質は，この「箱」と同じである．コンピュータを使うには，我々の「意図」（問題，命令など）

図1.1 何でも答えてくれるらしいが…どうやって使う？

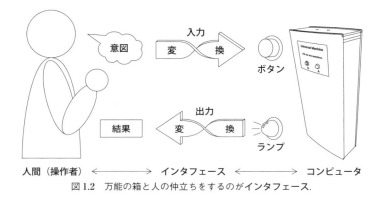

図 1.2　万能の箱と人の仲立ちをするのがインタフェース.

を押しボタンの操作（0 と 1 の羅列に相当）に「変換」して箱に伝え（= 入力），箱が出した答え（= 出力）であるランプの光り方（同じく 0 と 1 の羅列に相当）を我々の理解しやすい形式に再び「変換」する必要がある.

　本書で取り上げる**インタフェース**（Interface）[2]は，上記の「変換」を行い，「箱（コンピュータ）」とヒトとの仲立ちを行う部分に当たる（**図 1.2**）．良いインタフェースがあれば，我々の意図をより早く確実にコンピュータに伝えることができ，また結果を迅速かつ正確に知ることができる[3]．

1.2　インタフェース前史：スイッチ＆ランプから文字へ

　今我々が日常的に使っている**パーソナルコンピュータ**（Personal Computer，**PC** と略）の始まりのひとつとされるのが，1974 年に発売された「Altair 8800」である（**図 1.3**）．

　ここではメモリやコンピュータの内部状態を，並べたスイッチのオンオフ（**1/0**）で直接指定し，同様に並べたランプの明滅

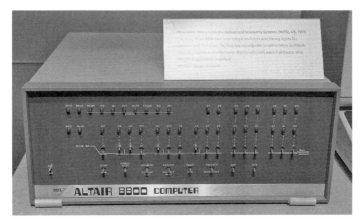

図 1.3 最も初期のインタフェースはスイッチとランプ（Altair 8800）.
※コンピュータ歴史博物館蔵

(I/O) で内容を読み出している. 例えば 'J' の文字を入力したければ, スイッチを '●○●●○○●●'（○はオン, ●はオフ）の状態にして,「書き込みスイッチ」を押すことになる（これは 2 進数で '**01001100**'（コンピュータでよく使われる 16 進数で '**4A**'）を表し, 代表的な**文字コード**（Character Code）[4]である **ASCII コード**での 'J' に相当する）. 同様に, ランプが '●○●●○○●●'（○は点灯, ●は消灯）のように並んでいると, 'J' が表示されていることになる.

さすがにこのやり方では, たとえコンピュータやネットワークがどんなに速くても, 高速に文字を入力し, 表示された結果を理解することは困難である[5]. そこで, 次に考えられたインタフェースが **16 進数キー**（Hexadecimal Keypad）である. 10 進数を扱う電卓の**テンキー**（Numeric Keypad）を 16 進数[6]に拡張したものと考えるとわかりやすい. また, 表示機構も, ランプの羅列から電卓と

図 1.4 16 進キーボードと 7 セグメント LED (NEC TK-80).
※ http://commons.wikimedia.org/wiki/File:TK-80.jpg より CC ライセンス (CC BY-SA 3.0) に基づいて使用 (サイズ変更およびトリミング処理)

同じ 7 セグメントディスプレイ (7 Segment Display) に変わっている (**図 1.4**)[7].

これは,前述のスイッチやランプの羅列と本質的な違いはない.しかし,'●○●●○○●●' と 8 個のスイッチを操作するのに比べ,4 A と 2 回キー入力する方が楽で速い.表示を読む時も同じである.

しかし,この段階ではまだ,「16 進数」と「2 進数」を変換したに過ぎず,人間の扱う「文字」ではないために,扱う人間側に負担を強いる ('J' という文字を '4A' に変換するのは依然として人間の仕事である).そこで次の段階として,「文字」と「2 進数」を変換するインタフェースが登場することになる.これが現在我々が使っている **CUI** (Character-based User Interface / 文字式ユーザイン

① インタフェースとは何か？　5

図 1.5　初期の文字式インタフェース．構造としては**電動タイプライタ**（Electric Typewriter）とほぼ同じである．※コンピュータ歴史博物館蔵

タフェース）の原型である（**図 1.5**)[8]．これによって初めて人間はコンピュータに対して「文字」を直接入力し，表示された「文字」を直接理解できるようになった．最初の「スイッチとランプの羅列」と比べれば，どちらが使いやすいかは明らかであろう．

　これがまさにインタフェースの本質である．

　適切な「変換」を行うことで，我々はコンピュータをより速く快適に使えるようになる．

1.3　ハードウェア部分がインタフェースデバイス

　インタフェースは様々な部分から構成されるが，その中でも，「万能の箱」の押しボタンとランプのように，直接我々の**操作器**

官（Manipulation Organ, 手など）や**感覚器官**（Sense Organ, 眼や耳など）との間で情報のやりとりを行う**ハードウェア**（Hardware）部分を，**インタフェースデバイス**（Interface Device）と呼ぶ[9]．我々が日常的に使っている**キーボード**（Keyboard）・**マウス**（Mouse）・**ディスプレイ**（Display）等もインタフェースデバイスである．インタフェースデバイスは，最もユーザの目につきやすいばかりではなく，コンピュータの使いやすさを大きく左右する部分でもある．

1.4 総合力が要求されるインタフェースデバイス製作

コンピュータの技術分野は大きく**ハードウェア**（Hardware, 装置）と**ソフトウェア**（Software, プログラム）に分けられ，多くの技術者や専門家は通常どちらかの分野に属している．ところが，インタフェースデバイスの場合，その名前とはうらはらに，ハードウェアの知識だけで作ることは難しい．

もちろん，インタフェース「デバイス（＝装置）」なので，ハードウェアは基本である．特にインタフェースの場合，人間の操作を検出するための**検知機構**（Sensor）や，人間に情報を伝えるための**提示機構**（Display, もしくは Actuator）といった，物理世界と電気（＝情報）世界を「変換」するための仕組み（Transducer／変換器と呼ばれることもある）が中心となる．ところが，仮にこれらの装置を適切に扱うことができたとしても，必ずしも良いインタフェースが作れるとは限らない．

1.5 使いやすいマウスを作るには…

例えば,代表的なインタフェースデバイスのひとつである**マウス**(Mouse)について考えてみよう(正確には,少し旧い「ボール式」のUSB接続マウスである).マウスには,**図 1.6** に示すように,多岐に渡る分野の技術が含まれている[10].

もし,この図の構成要素のうちの一部でも性能が悪いと,全体の足を引っ張ってしまい,結果的に「悪い」インタフェースができてしまうことになる[11].また,複数の構成要素を組み合わせる場合,要求される機能や性能を,どの要素で実現するのが最も効果的か考

図 1.6 マウスの製作に必要となる各種要素技術.

えることも必要である（「取り合い」と呼ばれる）[12]．したがって，インタフェースの設計者は，全ての要素を俯瞰しつつ，最も適した実現手法を考える必要がある．そのためには，様々な分野の要素技術について，広く知っておくことが望ましい．

1.6　最も重要なのは，「良し悪し」の判断ができること

　上で述べたように，インタフェース作りには多種多様な分野の知識やスキルが要求されるが，最も重要なのは「インタフェースの良し悪しを適切に判断できること」だと言える．多くの組み合わせの中から最も「良い」構成を選択するためには，一貫した評価基準が必要になる．

　ところが実は，「良いインタフェース」とは何か，をひとことで言い表すのは簡単ではない[13]．仮に，「良いインタフェース」とは何かを 10 人の人に聞けば，おそらく 10 の違った答えが返ってくるだろう．例えば…

- 早く入力（もしくは出力内容を理解）できるインタフェース
- 間違いなく入力（もしくは出力内容を理解）できるインタフェース
- 初心者でも説明書を読まずに使えるインタフェース
- 使うための訓練を必要としないインタフェース
- 乳幼児や高齢者でも使えるインタフェース
- 障碍を持つ人でも使えるインタフェース
- モバイル環境（例：歩きながら，高騒音下など）でも使えるインタフェース
- ハンズフリー（Hands Free / 手を使わない）で使えるインタフェース

① インタフェースとは何か？ 9

- どこでも売っているインタフェース
- 安く買えるインタフェース
- 長く使っても疲れないインタフェース
- 使っていて楽しいインタフェース
- 使うと健康になれるインタフェース（？）
- 使っている姿がカッコ良いインタフェース（！？）

　残念ながら，これら全ての項目を満たすことのできる「万能インタフェース」は，まだ存在しない．そのため，現在のインタフェースはほぼ全て，特定の状況（「誰が」・「何のために」・「どんな環境で」使うか）を想定して作られており，人によって「何が良いか」の答えが異なってくるのである．さらに我々（ヒト）の場合，「慣れ（これは環境のひとつと考えられる）」や「好き嫌い（最もやっかいな要素であり，必ずしも論理的とは限らない）」があるので，問題が一層複雑になる[14]．

　…とは言え，我々がコンピュータなどの「道具」を使うのは，何か「目的」を達成するためだろう．この場合の目的とは，文章や絵を書く，調べものをする，離れた人と会話するなど様々だが，いずれの場合でもなるべく**速く**達成できるに越したことはない．したがって，本書においては，「良いインタフェース」を「（想定された環境のもとで）**なるべく速く目的を達成できるもの**」と定義する[15]．また，以降の章で紹介している設計手法もそれに沿ったものになっている．

【第1章　注釈】

1)　より正確には，**（ノイマン型）デジタルコンピュータ**．コンピュータ（Computer／電子計算機）は，連続した数値を直接扱うことができる**アナログコンピュータ**（Analog Computer）と，離散的な数値を扱う**デジタルコンピュータ**（Digital Computer）に大きく分けられる．現在使われているコンピュータの多くはデジタル方式，中でも**プログラム**（Program／制御命令）を**メモリ**（Memory／記憶装置）に格納する**ノイマン型**（開発者の名前であるフォン・ノイマン（John von Neumann）に由来）に分類される．

一方のアナログコンピュータは，電気的に処理する（電圧や電流を用いて演算を行う）もののほか，機械的なもの（歯車やカムの組み合わせによって演算を行う）もある．プログラミングが難しい（いちいち電気回路やカムを組み替える必要がある），誤差蓄積が起きやすい（電気的ノイズや駆動部の「ガタ」が全て誤差になる）などの課題が多く，現在ではほとんど使われていないが，機械式の**微分解析機**（Differential Analyzer）などは，整然と並んだ動力伝達ロッドや，計算結果が直接ペンで書かれる様は芸術的ですらある．興味がある人は，1947年製の微分解析機が東京理科大学近代科学資料館で展示されているので，見に行ってみてはいかがだろうか．

参考（微分解析機）：http://museum.ipsj.or.jp/computer/dawn/0064.html

2) インタフェースの本来の意味は，「2つの集団，空間，段階の共通の境界に相当する面」（※ Random House Dictionary，筆者訳）である．工学分野においては，機械装置・プログラム・人間の間で情報を伝達するために考えられた仕組み（ハードウェア，ソフトウェア，**プロトコル**（Protocol，情報伝達のための取り決め））を表す．本書で主に扱う**インタフェースデバイス**は，コンピュータと操作者である人間を対象にした，**ヒューマン・コンピュータ・インタフェース**（Human-Computer Interface，**HCI**と略．あるいは単に**ヒューマン・インタフェース**（Human Interface，**HI**と略））の一部に当たる．

なお，日本の新聞や雑誌などでは，「インターフェース」あるいは「インターフェイス」（いずれも中間の 'フ' にアクセント）と表記されることもあるが，本書では技術系文書の表記手法である「**インタフェース**」を用いている（先頭の 'イ' にアクセント）．ちなみに英語式の発音（「**インターフェイス**」に近い）はここで聞ける（ページ中のスピーカのアイコンをクリック）：http://dictionary.reference.com/browse/interface

3) この「押しボタン」と「ランプ」もインタフェースの一種であり，これを使ってコンピュータの操作をすることもできる．おそらく使い方は**モールス符号**（Morse Code，「短点（・）」「長点（－）」の 2 つの符号を用いて文字等の情報伝達を行う仕組み．かつては広く使われていたが，高速データ通信網の発達した現在では，アマチュア無線の一部等を除いて，ほとんど使われなくなっている）に近いと思われるが，お世辞にも「使いやすい」とは言えないだろう．例えば以下の画像ではランプの点滅で "Hello World" と出力されているのだが，読み取れるだろうか．

https://www.youtube.com/watch?v=vDXdcZlFItU

4) コンピュータで文字を表示する場合，**ASCII**（American Standard Code for Information Interchange の略，情報交換用米国標準符号，**アスキー**と発音），**JIS**（Japanese Industrial Standards，日本工業規格，**ジス**と発音），**Unicode**（Unicode Consortium によって策定されている，世界中の文字を統一的に扱うことを目指した符号体系，**ユニコード**と発音）などと呼ばれる**文字コード**（Character Code）を決めておかないと，正しい文字が表示できない（いわゆる「文字ばけ」状態）．同様に，機器同士をケーブルで接続する場合，コネクタや信号の規格（例えば **USB**（Universal Serial Bus の略，コンピュータの周辺機器接続用の規格のひとつ，**ユーエスビー**と発音），**HDMI**（High-Definition Multimedia Interface の略，高精細映像音声伝送用規格のひとつ，**エイチディーエムアイ**と発音），**RS232C**（Recommended Standard 232C の略，シリアル（Serial，直列式）信号伝送規格のひとつ，**アールエス２３２シー**と発音）等）を合わせておかないと，うまく刺さらなかったり故障が起きる原因となる．

5) 1970 年代より前の「コンピュータ」の描かれ方と言えば，「チカチカ光る格子状のランプ」か「くるくる回る磁気テープ」であった．コンピュータ本体は物理的には動かないので，何か「動いている」雰囲気が感じられるモノが必要だったのだろう．この「格子状のランプ」は，単なる装飾ではなく，インタフェースの一種であり，コンピュータ内部（レジスタやメモリ）の様子をそのまま表示させたものである．現在でも開発現場ではこのようなインタフェースが「最終手段」として使われている．慣れてくると，ランプの並びを見ただけで内部状態がわかるようになるらしい．

6) 16 進数は，2 進数を 4 個（4 bit）組み合わせて 16 個の状態を表現する方式

である．状態を表すのに 10 進数の '0'〜'9' だけでは足らないので，残りの '11'〜'16' には便宜的に 'A','B','C','D','E','F' のアルファベットを割り当てている．

7) もともとの 7 セグメントディスプレイは，'0'〜'9' の数字（およびマイナス）を表示するために考えられており，そのままでは 16 進数の 'A','B','C','D','E','F' は表示できない（例えば 'B' は '8' と，'D' は '0' と見分けがつかない）．そこで，少し強引ではあるが，大文字小文字を混ぜて A, b, c, d, E, F で代用させている．ちなみに 1977 年に日立から発売された H68/TR という機種では，7 セグメントディスプレイで数字，アルファベットに加え一部の記号まで表示させていたが，さすがにここまでくるとコジツケが強引（例えば '&' は 모）で，判読は困難であった．

8) 同様のインタフェースは，**Console User Interface**（コンソール式ユーザインタフェース，略は同じく **CUI**），あるいは **Command Line Interface**（コマンド行式インタフェース，**CLI** と略）と言われることもある．これに対し，現在主流の画像表示を中心としたインタフェースを **Graphical User Interface**（グラフィック式ユーザインタフェース，**GUI** と略）と言う．

9) インタフェースを構成するほかの部分としては，**ソフトウェア**（Software）や**プロトコル**（Protocol，複数の機器やプログラム同士を接続する場合に必要となる「取り決め」のこと．本来は端子の形状や電圧などハードウェア要件も含まれるが，多くの場合，通信を行う際の「やりとりの手順」を表すことが多い）があるが，多くの場合，これらは密接に関わりあっている．例えばキーボードで日本語の文章を入力する場合，押しボタンスイッチや表示装置はハードウェア，かな漢字変換はソフトウェア，文字コードはプロトコルに相当する）．

10) 製作したインタフェースデバイスをコンピュータに認識させる場合，Windows・MacOS・Linux 等の各種 OS に対応した**デバイスドライバ**（Device Driver）が必要になる（主に C 言語で書かれるが，場合によってはアセンブリ言語が必要になることもある）．また，特定のアプリケーションと組み合わせて使う場合には，アプリケーションプログラム内部にも手を入れる必要がある（こちらで使われる言語には，C・C++(C#・Objective-C)・Java・JavaScript など数多くの種類がある）．一方で，デバイス内部のワンチップマイコン自体のプログラムには，C やアセンブリ言語が使われる．こ

のように，同じ「プログラム」とは言っても，要求される言語や使われる開発環境が異なる（特にアセンブリ言語の場合，使用するチップによって言語表記が全く違う）ので，インタフェースデバイスの製作者は，多くの言語や開発環境に通じている必要がある．また，ハードウェア部分についても，電気回路や機械部分の設計知識だけではなく，実際の製作やデバッグには「手先の器用さ」も必要になってくる（付録の"インタフェース製作の勘どころ五ヶ条の其ノ一：「何でも屋」になろう"も参照のこと）．

11) 例えば，マウスのケーブルが太くて「ごわごわ」していた場合，思うように動かせないことになる．この場合，たとえケーブルが「電気回路」（あるいは耐久性やコスト）の点で要求仕様を満たしていたとしても，「インタフェースデバイス」としては失格である（残念ながら，市販されているマウスの中にも，結構ダメなものがあったりする）．

12) 例えば，ボールの回転に伴って発生するパルスの数を数える場合，「カウンタ回路を使う」「マイコンのI/Oポートを定期的に監視する（ポーリング方式）」「マイコンのI/Oポートを割り込みで監視する」等，様々な手法が考えられる．また，パルスの数でなく，回転角に応じた長さのパルスを出すような仕組みや，他のセンサ（画像センサ等）を使うことも考えられるだろう（マウスの詳しい構造については，4.2節を参照のこと）．どの方法が「正解」かは，求められる条件によって異なってくるため，インタフェースの設計者はなるべく多くの方式について，メリットやデメリットを知っている必要がある．

13) インタフェースの良し悪しを判断する場合，しばしば「使いやすい」「使いにくい」という言い方が用いられる．基本的には，「使いやすい＝良い」「使いにくい＝悪い」と考えて構わない（本書でも両方の言葉を用いている）．ただし，「使いやすい（使いにくい）」が，ユーザが実際に使用する際の使い勝手のみを表しているのに対し，「良い（悪い）」は，「コスト」「壊れにくさ」「見栄え（？）」など，全ての評価基準を含んでいる（その意味では，「使いやすい ⊂ 良い」「使いにくい ⊂ 悪い」と言える）．現実には，コストや部品の入手性，あるいは社会的・文化的な問題（例えば，使う姿勢が周囲から受け入れられにくい等）から，必ずしも「最も使いやすいインタフェース」が採用されるとは限らない（3.4節のヘッドセット（イヤホンマイク）の項も参照のこと）．

14) 中には，広告に好きな芸能人が出ているから，というのまである．

15) 通常，論文等でインタフェースを評価する際には，「速度」と「誤り率」が使われることが多いが，本書では，「目的となる作業がより早く完了できること」で代表させている．誤り率が高いインタフェースは，訂正のための操作が余分に必要となるので，たとえ瞬間的な速度は速くても，作業が完了するまでの時間が長くなってしまう．なお，「速いけど疲れる」インタフェースは，毎回の作業時間が短く疲労が蓄積しないような場合には「良い」が，連続した作業が求められる用途には（疲れて速度が落ちるので）適さないことになる．

②

インタフェースのつくりかた

　もしあなたが何かのインタフェースデバイスを作ることになった場合，どんな手順で製作を進めれば良いだろうか？　インタフェースデバイスの場合，スイッチ等の部品を適当に繋げても「それなりに」動き，当面の役に立ってしまうことが多い（操作画面の設計やメッセージの文言等，「インタフェース」全般についても同様のことが言える）．そのため，世の中に出回っているインタフェースの中には，あまり深く考えずに作られている物が少なからずある[1]．しかし，多くの人が使う，または特定の人であっても繰り返し使うものの場合，**不適切**（本書の定義によれば「使うのに余計な時間がかかる」）なインタフェースは，ユーザの大切な時間を浪費するばかりではなく，社会の生産性まで下げてしまうことになりかねない[2]．したがって，インタフェースを作る場合には，よく吟味を行い，可能な限り適切な（＝ 短い時間で作業が完了できる）仕組みを考える必要がある．

　本書では，インタフェース製作のプロセスを以下のように6つの

16

ステップに分けて紹介する.

> ステップ1　ゴールと要求条件の設定
> ステップ2　使用頻度の見極め
> ステップ3　使用環境や使用者の明確化
> ステップ4　既存技術の調査
> ステップ5　設計
> ステップ6　実装とブラッシュアップ

2.1　ステップ1　ゴールと満たすべき条件を定める

　多くの場合,インタフェースは何かのシステムの一部として動作する.そこで一番最初に,「そもそもこのインタフェースやシステムで何を解決したいのか」・「そのために守らなければならない条件は何か」を明確にしておく必要がある.この場合の条件としては,大きさ・重さ・消費電力・コスト等,具体的な数値を挙げられるものが望ましい.ここがブレていると,日々の開発と**デバッグ**(Debug, 不具合の修正[3])を繰り返すうちに,「一体何がしたかったのか」がわからなくなってしまうので注意が必要である[4].このように,最初にゴールと達成条件を明確にしておくことは,インタフェース製作だけではなく,全てのプロジェクトに対して必要だと言える.

2.2　ステップ2　使用頻度を見極める

　インタフェースの設計で一番先にしなければならないのは,「どの程度頻繁に使うか」の見極めである.既に述べているように,本書でのインタフェースの目標は,「なるべく速く目的を達成できる

こと」である．ところが，同じ「速い」であっても，使用頻度の大小によって，設計指針が大きく異なってくる．具体的には，仕事などで毎日のように長時間使う場合と，たまにしか使わない場合の2つに大きく分けられる：

- **高頻度＆継続的使用**：設計指針は「速さこそ正義」
  日々の作業の効率向上が最も重要である．つまり，単位時間当たりの仕事量（例えば，文字入力のためのインタフェースの場合，入力できる文字数）を最大化させる必要がある．その一方で，使用に際して多少の訓練が必要であっても許容される．効果的な訓練方法も同時に考えることが望ましい．

- **低頻度＆散発的使用**：設計指針は「説明書要らず」
  初めて使う，あるいは，極めて稀にしか使わないような場合，使い方を知らないか，忘れてしまっていると考えられる．そのような場合，使い始めるのに際して説明書を読んで覚えたり，何らかの訓練を必要とするようなインタフェースは適切ではないだろう．説明書を読まなくても直感的に使うことができるインタフェースが理想である．一方で，単位時間当たりの仕事量（例：入力できる文字数）が，仕事等で毎日のように使うインタフェースに比べて少なくなっても構わない．

なぜこのような分け方をするのかを，以下に説明する．

図 2.1 に示すのが，**学習曲線**（Learning Curve）と呼ばれるものである．横軸に，あるインタフェースを使い始めてからの時間，縦軸に性能（例えば，文字入力インタフェースの場合，入力速度等の測定結果）をプロットしていく．当然のことながら，使い始めは速度が遅い（＝**初期性能**），慣れるにつれて速くなっていくが，最終的にある値（**限界性能**）に到達し，それ以上は伸びなくなってしまう．

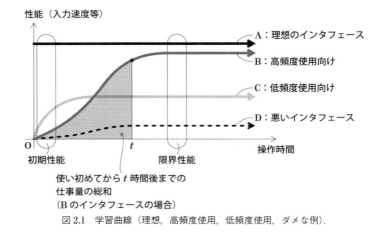

図 2.1 学習曲線（理想，高頻度使用，低頻度使用，ダメな例）．

使い始めからいきなり限界性能に達し，かつその値が非常に高いインタフェース（例えば，いきなり毎分 10,000 文字入力できるようなキーボード）があれば理想的だが，実際は無理である．一般的に，初期性能が高いインタフェース（= 使うのに訓練を必要としない）は限界性能が低く，反対に初期性能が低い（= 使うのに訓練を必要とする）インタフェースほど限界性能は高くなる傾向にある．

使用頻度が高いインタフェースの場合，**限界性能**をどれだけ高められるかを念頭に設計すべきである．もちろん，熟達するまでに何十年もかかるようでは仕事にならないので，限界性能に達するまでの時間は短ければ短いほど良い．一般的には，想定されるユーザが，そのインタフェースを使う時間の総計を見積もり，それまでに達成された仕事量の総和（図 2.1 の網掛け部分）がなるべく大きくなるような方式を選ぶ．

ここで言う「インタフェースを使う時間」には，訓練に必要な時間や説明書を読む時間も含まれる．したがって，効果的な訓練方法

や理解しやすい説明書の記述を考えることで，学習時間を減らすことが可能である．そのため，インタフェースを設計する際には，訓練方法や説明書についても同時に考えておくことが望ましい.

一方，使用頻度が低いインタフェースの場合，**初期性能**がどれだけ高いかが重要になる．訓練を必要とせず，説明書を一切読まなくても直感的に使えるようなものが理想である．なお，このようなインタフェースの限界性能は低いことが多いので，仕事などで継続的に使用するユーザに対しては，使用頻度が一定量を超えた場合に「より便利な使い方」をさりげなく提示してステップアップさせるのも効果的である[5].

インタフェースを**業務**で使う場合には，慣れるための訓練も業務の一環として受け入れられやすいが，一般の人々が使う場合には，たとえ日常的に使う場合でも，重い訓練が必要なインタフェースは受け入れられにくいだろう．そのような場合，性能が最高ではなくても，軽い訓練で使えるようになるインタフェースを選ぶ場合もある．また，ゲーム等を利用して，ユーザに負担に感じさせずに訓練を行える方法も考えられる[6].　なお，業務であっても，使用頻度が低い場合には「軽い訓練でそこそこの性能が出せる」インタフェースが選ばれることがある.

2.3　(ステップ3)　使用環境（および使用者）の明確化

次に，そのインタフェースが使われる環境や想定する使用者から，インタフェースが満たすべき制約を列挙し，設計に反映させる．
使用環境の一例を以下に述べる：

- **オフィス＆デスクトップ環境**：サイズに対する制約は緩い．両手使用OK．静かな方が好ましい.

- **モバイル環境**：サイズ・重量・消費電力に対する制約が厳しい．不安定な体勢（例：揺れる電車の中）でも確実に入力できることが要求される．片手での使用や**ハンズフリー**（Hands Free，手を使わずに操作できること）が要求されることもある．サイレント動作（使用に際して音を立てない）推奨．
- **公共空間**：プライバシーやセキュリティの確保（覗き見防止など）が要求される．街頭端末の場合，乱暴な扱いや汚れへの対応が必要．サイレント動作必須（周囲の人々に迷惑をかけないため）．

このほか，特殊な場合としては，**高騒音環境**（音声認識系は使用困難），**高温・高湿度・高粉塵環境**等（センサや処理装置への要求が厳しくなる）などがある．

一方，使用者に対する制約の例には，以下のようなものがある：

- **子供向け**：大音量や長時間連続使用の禁止等，多くの国によっては成人より規制が厳しい．
- **老人向け**：小さい文字を使わない．音量・音質・色使いに配慮（高い音が聞こえにくい，コントラストの弱い文字は読みにくいなど）．手の震えや緩慢な動作への対応．
- **障碍者向け**：個々人の障碍の種類や程度の把握．継続使用時の微調整（障碍程度の変化への対応）の容易さ．

2.4 （ステップ4） 既存技術の調査

研究や開発における**サーベイ**（Survey／文献調査）と呼ばれるフェイズである．過去の論文や特許等を調べて，どんな提案があり，何が未解決なのかを洗い出す．

いちいちサーベイなど行わなくても，自分にアイディアと技術が
あり，目標とするインタフェースを作ることができれば，それでも
良いだろう．ところが世の中は広い．自分が考えたことの多くは既
に誰かが実現していたり，自分が解決できていなかった事柄が既
に解決されていることが多々ある（特にインターネットの登場以
降，世界中の情報が簡単に蓄積＆参照できるようになったおかげ
で，サーベイにかかる時間と労力が非常に短縮された）．この場合，
既に解決済みの技術があるにも関わらず，知らずに（あるいは意図
的に無視して）後追いしたあげく，結果的に性能が悪いものしかで
きない[7]よりは，既存技術のレベルと限界を知った上で「一歩上」
を目指し，得られた成果を論文や製品にして社会に還元する方が，
人類全体としての技術の進歩を加速させることができる[8]．

なお，個人で使うのではなく，論文や特許にして発表したり，製
品として販売する場合には，サーベイを欠かすことはできない．仮
に誰かの技術と同じものを使っていた場合，完成した論文や特許
は「新規性がない」と言われて採用されないだけでなく，発売した
製品が既存特許を侵害しているとして，巨額の賠償請求をされる
ことすらある（営利目的でなく，無償で頒布していても安全ではな
い[9]）．

なお，サーベイの作業は，何もこの時点だけでやるものではな
い．一般的には，(1) 最初にシステムやインタフェースを考えた時
(= 世の中の技術レベルと課題を確認する．研究の場合，既に行わ
れている（= 論文や特許にならない）ことがわかると振り出しに
戻る…)，(2)（**ステップ 5** で示す）「設計」を行う前後（= 詳細な
構造が固まってくるので，個々の技術に関して突っ込んだ調査が可
能）の 2 度に分けて行った方が効率的だろう[10]．

サーベイを行う際に非常に役に立つのが，**Google Scholar**

(https://scholar.google.com) や，**特許情報プラットフォーム**
(https://www.j-platpat.inpit.go.jp) 等の文献検索サイトである．
キーワードで調べれば，関連する文献情報を出してくれる[11]．

　関連のある論文や特許が見つかった場合，論文や特許の**参考文献**（References）と呼ばれる欄を見れば，それらの技術が何を参照して作られているかがわかるので，芋ヅル式に関連技術を網羅することができる．また，参考になるのは何も論文や特許ばかりではない．一般的な検索ページで出てくる製品や個人のブログ等にも有効な情報は多く載っている．もちろん，製作に当たって参考にした場合には，「参考文献」として挙げておくのを忘れないようにしたい．

2.5 （ステップ5）設計

　今までのステップで決めた想定環境を満たすように，インタフェースの設計を行う．

　手順の一例を以下に述べる：

- **動作の選択**：想定される入出力動作を考える．自身で動作を繰り返してみて，不自然な筋肉の動き（＝疲労を誘発する原因となる）になっていないかどうか確認する（高頻度インタフェースの場合は必須．低頻度インタフェースの場合でも，疲労をなるべく少なくする動きを選択することが好ましい[12]）．

- **手段の選択**：上記の動作に適した**センシング手段**（入力インタフェースの場合），あるいは**提示手段**（出力インタフェースの場合）を選択する．センサや提示機構のサイズ・重量・消費電力・コスト・処理回路の複雑さに加え，使用される環境特有の条件（ノイズ・湿気・温度等）を考慮する．必要であれば予備実験等を行い，性能を見積もっておく．

② インタフェースのつくりかた　23

- **設計の検証**：実装に入る前に，**ステップ1**で決めた「守るべき条件」が満たされているかを再度確認しておく（作り始めてからだと後戻りが難しくなる）．

2.6 　ステップ6　 実装とブラッシュアップ

　実際に回路やソフトウェアを組み立て，動作を確認する．事前に想定した操作を繰り返し，エラーのない安定した入力や，提示内容が容易に理解できるがどうかを確認する．想定される使用環境（あるいは，それらを模した条件）でもテストを行う．

　その後，想定ユーザに試用して貰いながら，各部の**ブラッシュアップ**（Brushup，本来の意味は「ブラシをかけて磨き上げる」こと）を行っていく．場合によっては，**ステップ3**に戻って設計の見直しを行うこともある．なお，本書で述べている「早く目的を達成できる」という評価基準には，客観的な測定が容易だというメリットもある．一連の操作が完了するまでの時間を計ることで，複数の候補の中から適切なものを選ぶことができる．

　この段階で特に注意すべきは，開発者自身（およびテストに参加して貰っているユーザ）の「慣れ」への対処である．当該インタフェースを動かしながら開発を進めていると，開発者や被験者自身が（知らず知らずのうちに）そのインタフェースの「熟練者」になってしまいがちである．その場合，本来想定するユーザ層とは異なる反応をするため，結果的にインタフェースの使いやすさにズレが生じてしまうことになる[13]．ときどきは想定ユーザに使って貰い，使い勝手を確認することが重要である．

Box 1　Bit / Calorie

「疲れないインタフェース」は理想のひとつではあるが，実は「疲労の度合い」を測定するのはそれほど簡単ではない．一般的には，「血液中の乳酸値」・「画面の「ちらつき」を感じる周波数（**フリッカテスト** / Flicker Test）」等での測定が行われているが，簡便とは言いにくい．

一方，多くのインタフェース（特に入力インタフェース）は何らかの「筋肉」を動かすことによって動作する．そこで筆者らは以前 **Bit / Calorie** という考え方を提唱したことがある．少ない消費カロリー（＝少ない筋肉の動き）で，多くの情報量を入出力できるインタフェースが良い，という考えである．

即ち，同じ'**A**' という文字を入力するのに，（1）指先だけを動かせばよいキーボードは，（2）多くの筋肉を使ってペンで紙に'**A**' と描くのに比べて Bit / Calorie が高い（＝ 消費カロリーが少ない）ことになる（もちろん，ジェスチャーを用いたインタフェースなど論外である）．

実際には，入力できる情報の密度や習熟のしやすさ等の要素もあるので，必ずしも消費カロリーだけでは測ることができない（例えば，精神的な疲労は消費カロリーとしては現れにくい）が，多くの場合，「なるべく小さな動きで情報の入出力が可能」な方が良いインタフェースであると考えて良いだろう．

【第 2 章　注釈】

1)　以下の本は，設計を間違ってしまった結果，「使いにくく」なってしまったインタフェース（「BADUI」と呼ばれている）を，コンピュータ用だけではなく，一般的なものも含めて紹介している．なぜ使いにくくなっているか，どうすれば改善できるかも同時に解説されているので，インタフェース設計をする人は一読をお勧めする．
中村聡史著，"失敗から学ぶユーザインタフェース"，技術評論社（2015）．

② インタフェースのつくりかた　25

2) ここでひとつ試算をしてみよう．あなたが，10 万人が使う公共システムのインタフェースを作っているとする．仮にマウスのできが悪く，入力操作を行うのに（適切に作られていた場合と比較して）「1 秒」余計にかかったとすると，ユーザ全体で 10 万秒（28 時間弱）のロスになる．仮にユーザ一人当たり 1 日 1 回の操作としても 1 年間の合計で 10139 時間が無駄になっている．これは時給 1000 円なら 1014 万円弱に相当する．つまり，あなたの作ったインタフェースは社会に対して年間 1014 万円の**損害を与えている**のと同じことになる．

3) もとは「虫取り」の意味．ちなみに反対語は Enbug（エンバグ，不具合を入れてしまうこと）．

4) 例えば，「小型低消費電力」・「高速処理」を目標に始めても，不具合の微修正を繰り返すうちに回路やソフトウェアの規模が徐々に大きくなり，ふと振り返ると大メシ喰らいで鈍重な**バケモノ**になっていることがしばしばある．目の前の問題解決も重要だが，ときどき振り返って「この方向で進めて良いのか」を問うことも大事である（本質を踏み外していると感じた場合，潔く中断してゼロから考え直す事も時には必要）．

5) 一部のソフトウェアでは，特定の作業を繰り返した場合に，同等の機能を実現できる**キーボードショートカット**（Keyboard Short Cut, 特定のキーの組み合わせで行うコマンドのこと．例えば，Control + C で「コピー」など）を案内する**ダイアログ**（Dialog／通知）を出すものがある．このほか，起動時に「今日のひとこと」等と称して便利な使い方を案内するものもある．いずれの場合でも，多くのユーザは単に「余計なおせっかい」と感じてしまいがちであり，ユーザに負担に感じさせずにステップアップさせるのはそれほど簡単ではない．それでもキーボードショートカットは，既存のマウス等による操作と並存可能なだけまだ「マシ」だと言える．キーボードを始めとした多くのインタフェースは，ある程度「身体で覚える」ことで速くなっていくため，新しいキー配列（＝ 新しい筋肉の動き）の覚え始めには，一時的な速度低下が避けられない．多くのユーザはこれを嫌って，（ちゃんと覚えれば良いことはわかっているにも関わらず）操作方法を変えることには躊躇しがちである（かく言う筆者もタッチタイピングができない．寝ている間に小脳内の接続を組み替えて，朝起きたらタッチタイピングが可能になっている，とかできないだろうか…）

6) キーボードで単語を打って敵を倒す「タイピングゲーム」は定番である．一方で，スコア向上が主目的になった結果，変な指使いを覚えてしまった人も…

7) 「車輪の再発明」と言われる．インターネット登場以前には，外部（特に海外）の技術を捕捉するのはさほど簡単ではなかったために，「知らずに作った」例は結構多い．なお，技術レベルが同程度の場合，複数の人やグループがほぼ同じタイミングで全く独自に同じアイディアを思いつくこともよくある．ベルとグレイの電話発明の件が特に有名（特許庁への出願が2時間差）．

8) 学術界ではよく巨人の肩の上に立つ（Standing on the shoulders of giants）と言われる．自分自身の背丈で物を見るよりも，巨人の肩（＝ 既存の人類の英知）の上に立って眺めた方が，より遠くを見通せることからきている．ちなみに，本文で紹介しているサーベイサイト（Google Scholar）の検索ページにもこの語句が書かれている．

9) この場合，既存技術保持者が利益を得る機会を奪った，と解釈されることがある．なお，裁判になった場合に，「完全に独自で思いついたアイディアであり，既存技術については全く知らなかった」は通用しないので注意．

10) 本文で述べたこととは少し矛盾するが，特に論文や特許（＝ 新規性が不可欠）を目指す場合，最初はあえて既存技術を調べずに，独自にアイディアを考えてみる，というやり方もある．既存技術を知ってしまうと，どうしてもそれに引っ張られてしまい，全く別の切り口のアイディアが浮かびにくくなってしまうことがあるからだ（もちろん，後でサーベイをして，既存技術とカチ合っていないかどうかは確認しておく必要がある）．

11) 特許文献は（多くの国では）無償公開されているが，学術論文や雑誌記事は閲覧に費用がかかることがあるので注意が必要である（大学や企業では，組織単位で文献閲覧の契約をしていることが多いので，欲しい文献があった場合には，図書館や事務の人に尋ねてみると良いだろう）．

12) 少ない疲労で高速な操作を行うには，「筋肉の動き」をなるべく少なくするのが基本である（本章の Box 1 も参照のこと）．例えば，指先を小さく動かしてボタンを押すのは，大きく腕を動かすジェスチャーに比べて速く疲れずに入力できる．特に，手足を空中で動かして入力を行う動作は，手足の重みを自ら支えなくてはならないために疲労を招きやすい．"Minority Report" という映画では，大画面の前で手を振り上げて大量の画像を操作するシー

ンが出てくる．見ていて格好は良いのだが，これを一日中やる気にはならない…「汚染の必要があるので直接手を触れられない」・「危険な操作なので不慮の誤入力を防ぎたい」などの特別な場合を除き，手足を何かの上に「置いた」状態で，なるべく小さな動きで操作が行えるように考えるべきである．

13) とあるオフィス向け電話機には，沢山の機能ボタンがあるにもかかわらず，最も頻繁に使われるであろう 「リダイヤル」 のボタンがなぜか装備されておらず，「短縮・再送」 と ※ のボタンを連続して押す必要があった（しかも，それらのボタンには「リダイヤル」の案内は刻印されていない！）．開発者は毎日のように「リダイヤル」のテストをしていたため，指が覚えてしまっており，この手順が一般ユーザにとって煩雑であることがわからなくなってしまっていたと考えられる．

③

つくってみよう，インタフェース

　本章では，筆者が以前作った「常時装用型キーボード」と「常時装用型ハンドセット」を題材に，実際にインタフェースを製作する際の手順を Step by Step で紹介する．後の第4章で述べる，代表的なインタフェースデバイスの構造も参考にしながら，インタフェースを作る時の「勘どころ」を感じて頂ければ幸いである．

3.1 （ステップ1）ゴールと満たすべき条件を定める：「小さくしても使いにくくならないインタフェース」

　一番最初に，「そもそもこれらのインタフェースで何を解決したいのか」を明確にする必要がある．開発プロセスのあちこちの場面で，「果たしてこの方法で良いのだろうか？」と疑問に思うことも多いが，「最終ゴール」を常に意識することで，進むべき道が明確になる．ここでは「常時身に着けたまま生活できるほど小さくできること」と共に，「小さくしても使いにくくならないこと」を大き

な開発目標とした．以下に開発の背景を簡単に述べておく．

モバイル機器のメリットは言うまでもなく「mobile ＝ 移動可能」なことである．機器が小さく軽ければ，より楽に長い間持ち運ぶことができ，結果として一日の間で情報にアクセスできる機会も増える．そのため，モバイル機器にとって小型軽量化は至上命題とも言える．将来，機器のサイズがもっと小型化され，アクセサリのように身に着けたまま生活できる（＝ **ウェアラブル** / Wearable）ようになれば，24 時間常に「繋がって」いることも不可能ではなくなる．

モバイル（およびウェアラブル）な機器を構成する部品のうち，コンピュータ・バッテリ・通信機構等の部分は，小型化しても使い勝手には影響しない．ところが，ユーザである人間と直に接する部分である**インタフェースデバイス**については，単純に小型化すると使いにくくなってしまう場合がある（これは，我々人間の**操作器官**（手や指など）や**感覚器官**（眼など）が効率良く働くためには，ある程度の「大きさ」が必要なことによる[1]）．

これが最も顕著に表れるのが**キーボード**（Keyboard）である．本来，キーボードは机の上などの安定した環境で，（両手を使って）高速に文字等を入力するために考案されたものであり，快適な入力を行うには，各キーにはある程度の大きさが必要である[2]．物理的（&電気的）には，キーの大きさをもっと小さくすることは可能なものの，極端に小さなキーボードでは快適な操作ができなくなってしまう[3]．同じようなことは，**ディスプレイ**（Display）についても言える．仮に 1920 × 1080 ドットの ''Full HD'' ディスプレイを腕時計サイズにした場合，満足に字幕を読むことはできないだろう．

このように，従来型のインタフェースデバイスの多くは，操作性を保ったまま，「装着」が可能なレベルにまで小型化をすることが

難しい．本当に「24時間身に着けて生活できる」レベルの機器を実現するためには，小型化しても操作性が悪化しないような仕組みを考える必要がある．

　筆者はこのように「常時身に着けたまま生活できる」インタフェースデバイスを「常時装用型インタフェース（Fulltime-Wear Interface）」[4]と名付けて開発を行ってきた．本章ではその中から，文字やコマンド入力用の「常時装用型キーボード」と，音声通話用の「常時装用型ハンドセット」を取り上げて実際にインタフェースデバイスを作る際の手順や考え方を紹介していく．

3.2 （ステップ2&3） 頻度・用途・使用環境の明確化：「誰もが日常的に使うもの」

　ここで紹介する2つのインタフェースデバイスは，いずれも「誰もが日々の暮らしの中で頻繁に使う」ことを目標としているので，「高頻度デバイス」に相当する．

- 頻度：**高頻度**（業務での使用を含む）
  ほぼ毎日使用し，場合によっては業務等での長時間操作もあり得るので，多少の訓練が必要であっても，高速入力が可能な手法を選ぶ必要がある．
- 環境：**モバイル環境**全般
  公共空間や歩行中を含め，できるだけ多くの場面で操作できるようにする必要がある．もちろんモバイル環境だけではなく，オフィスや家庭（リビングルーム等）での使用もあり得る．
- 対象：一般成人
  主に一般成人を対象とするが，子供の使用もあり得る．

なお，ステップ4以降については，以下の節でデバイス毎のケースに分けて紹介していく．

3.3 （ステップ4〜6） ケース1　常時装用型キーボード：装着しながら生活できるキーボードデバイス

最初の作例は，装着しながら生活することを目指した「常時装用型キーボード」である．

（ステップ4）　サーベイを行い，既存の手法や問題点を洗い出す

「携帯や装着が可能なキーボード」というカテゴリで論文や特許等を調べた結果，以下のような既存手法と問題点が見つかった：

- スイッチを並べた（古典的な）キーボード：
  - ⑧ 従来のキーボードと同じスタイルで使えるので，再学習の必要がない．
  - ⑨ 小型化すると操作性が悪化する（個々のキーのサイズを指の太さより小さくするのは困難）[5]．
- 指や手の動きを直接検出する方法：
  - ⑧ センサを小型化しても操作性が悪化しない．
    - ・グローブ型（グローブにスイッチや曲げセンサを設置）：
      - ⑧ 5本の指の曲げ具合を比較的正確に計測できる．
      - ⑨ 指先が覆われるので日常生活に不便．
    - ・手首バンド型（手首のカメラで指の動きを認識）：
      - ⑧ 指に何も装着する必要がないので生活に支障が出にくい．
      - ⑨ 手首から指先が見えないと使えない（Line-of-sight／見通し問題）．高速な打鍵動作の検出は難しい．

③ つくってみよう，インタフェース　33

・手首バンド型（手首や腕に巻いたセンサ（距離センサ，容量センサ，筋電センサ等）で手形状を認識）：
　(良) 指に何も装着する必要がないので生活に支障が出にくい．
　(悪) 大まかな形状（例：ぐー・ちょきー・ぱー）の認識が限界で，文字の打ち分けが難しい．
・付け爪＆指輪型（加速度センサで指の動きを認識）：
　(良) 機器を小さく作れば常時装着も可能．
　(悪) センサの精度が悪く，派手な（＝疲れる）動きが必要．
・頭部カメラ型（頭や肩に装着したカメラで手形状を認識）：
　(良) 指に何も装着する必要がないので生活に支障が出にくい．
　(悪) 見通し問題や高速動作への対応に加え，離れた距離から指先を分離できるレベルで手の画像を捉えるには，非常に高い解像度が必要．

　これらを見ると，古典的なスイッチの羅列ではなく，指や手の動きを直接検出する方法であれば，仮にセンサが小さくなっても操作性への影響が少なく，将来の「常時装用」化も可能なように思われる．ただし，既存手法の多くは **VR**（Virtual Reality／**仮想現実**）や **AR**（Augmented Reality／**拡張現実**）での応用を目指しており，手の**形状**（Posture）や**動き**（Gesture）を検出するように設計されている[6]．そのため，打鍵動作のような高速かつ微小な指先の動きの検出が苦手である（センサの感度や時空間分解能が足りない）．
　一方，今回のインタフェースの場合，検出すべきは**打鍵動作**（Typing Action）である．したがって，同じ手や指を対象として

いても，手の形状や動きではなく，キーを打つ動作の検出に特化することで，より簡便かつ確実な検出ができるのではないかと考えられる．

　また，多くの VR では，手を空中に浮かせたままで物体を操作している（最も初期の VR 研究である NASA の例でも，空中に浮かんだキーボードを操作する例が紹介されている）．ところが，この「空中で手を動かすジェスチャー」は，腕や指を空中に持ち上げたままにしておかなくてはならないために疲労が激しく，長時間の使用には向かない[7]．さらに，空中でキーを打つような「バーチャル打鍵動作」を行った場合，指先に反力が返らないので，正しく打てたかどうかがわかりにくく，疲労が激しい上に打鍵速度も上がらない[8]．したがって，これから作ろうとしている「どこでも使えるキーボード」は，「空中でも使えるキーボード」**ではなく**，ちょうどピアノを弾くマネをする時のように，「何か支持物体となるモノの上で指を動かして使うキーボード」として考える必要がある（この場合，手は支持物体に置かれているので，支え続けるために力を加える必要はない．また，打鍵時に指先への反力が支持物体から返ってくるので，少ない力で高速な打鍵動作が可能となる）．

（ステップ5） 設計

● 検出手法の検討

　「アイディア出し」の中心となるフェイズである．いわゆる「発想法」については，様々な文献等が出ているので参考にしてほしい（古典的なところでは，**KJ 法**[9]，**オズボーンのチェックリスト**[10]，**マインドマップ**[11]等が，大規模データベースを用いた近代的な発想支援システムとしては **TRIZ**[12]がある）．

③ つくってみよう，インタフェース　　35

　インタフェースデバイスの場合，アイディア出しに特に有効なのが，「実際に動作を試してみる」ことである．動作を行った場合にどんな現象が起きているかを注意深く観察することで，何をセンシングすれば良いか（入力デバイスの場合），どのようにユーザに情報を提示すれば良いか（出力デバイスの場合）が見えてくる．同時に，繰り返し動作を行うことで，身体への負担のかかり方についても調べることができる．

　今回の場合，サーベイによって，「（空中ではない）打鍵動作」を選択的に検出するという道筋が見えてきた．そこで，実際に机（仕事場や家庭を想定）や大腿部（歩きながらの使用を想定）で打鍵動作を行ってみて，何が起きているか（＝何が検出できそうか）を見てみることにする．

　例えば，机の上でキーボードを打つマネをする時には，以下の現象が起きる：

- 各指が前後左右に動き，指先が目標のキーの上に移動する．
  - 指の曲げ角度，指と指の間の間隔，手首の回転と上下運動，手の平の丸みが変化する．
- 指が目標のキーの上に移動したら，指先を下に下ろす．
  - 主に指の付け根に当たる「第三関節」の曲げ角度が変化する．
  ※実際には上の2つはほぼ同時に起きる．
- 指先（腹の部分）が机に触れる．
  - 指先に「何かが触れた」という触覚フィードバックが返る．
- ほぼ同時に，それ以上指を下に押せなくなる．
  - 指先に強い反力が返る．同時に音が鳴ることも多いが，叩く強さや支持物体の状態（硬いか軟らかいか等）によって，強さや周波数が異なる．
  ※キーボードでの「底付き」に当たる．

- 机からの反力を利用するかたちで，指を上に持ち上げる（これによって，指を持ち上げるための力を節約できている）.
  ・指の曲げ角度，指と指の間の間隔，手首の回転と上下運動，手の平の丸みが変化する.

　従来の「装着できるキーボード」の場合，上記の変化量のうち，「各関節の曲げ角度」・「（各関節を曲げた結果変化した）指や手の位置や形状」・「（各関節を曲げた結果変化した）指や手首周りの皮膚の変形量」・「各関節を曲げるための筋電信号」等を各種センサで検出していたが，前述のように，打鍵動作で生じる変化量は「空中での手のジェスチャー」に比べて小さい上に速いので，満足な精度での検出は簡単ではない.

　そこで今回は，従来ほとんど考慮されてこなかった「指が支持物体に当たった（＝底付きした）時に指先に返る反力」に注目してみた. 指先に急激な反力が返るということは，指先を何かで叩くことに等しい. この時，指先から指の付け根に向かって衝撃が伝搬していくことになる（衝撃の一部は音となって周囲の空間に伝搬する）. この「衝撃」を捉えることができれば，机などの支持物体上で行った打鍵動作の検出が可能になると考えられる.

● センサ設置箇所の検討

　次に，どの場所に衝撃検出のためのセンサを設置すれば良いかを考える. 設置場所の候補としては以下のものがある：

- 爪：良 最も感度が高い，打鍵した指の分離が簡単.
  - 悪 設置できるスペースが限られる（特に厚み方向は1mm以内）ので，将来のワイヤレス化が困難.
- 指輪：良 感度が高い，打鍵した指の分離が可能. 設置スペースもある程度確保可能（指輪の宝石部分）.

- 手首：㋺ 設置スペースが潤沢，腕時計型機器との統合が容易．
  ㋪ 感度が低い．打鍵した指の分離は困難？
- 手甲部：㋪ 固定が難しい，打鍵した指の分離は困難？

今回は上記の中から，感度と設置スペースを勘案して，「指輪」をセンサの設置場所として選択した．

● 検出テスト（予備実験）

次いで，実際に人差し指の付け根に衝撃センサを設置して，机や大腿部の上で打鍵動作を行った時の信号を計測してみる．検出された信号の周波数分布を図3.1に示す．

この図を見れば以下のことがわかる：

- 打鍵時には，指の付け根に設置した衝撃センサに数十～100 Hz

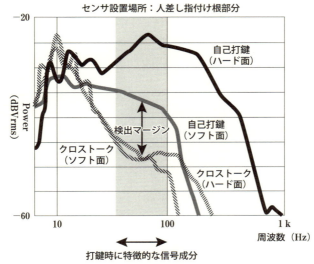

図3.1　人差し指の付け根に設置した衝撃センサの打鍵時の信号．

を中心とした信号が現れる.
- センサが設置された指での打鍵(「自己打鍵」,グラフの実線)と,他の指で行った打鍵(「クロストーク(Cross Talk)」,グラフの破線)は,上記部分の信号レベルに10 dB程度の差がある.

したがって,この部分の信号成分を取り出し,適切な閾値で分離することで,「どの指で打鍵が行われたか」を検出することができると考えられる.

● **設計**

今までに明らかになったことに基づいて,指輪型キーボードの構造を考える(**図3.2**):
- 各指の付け根に,指輪状の加速度センサを装着する.
- 各加速度センサの信号から,85 Hzを中心とした成分を**バンドパスフィルタ**(Band Pass Filter:特定の周波数領域のみを通し,それより高いものや低いものは通さないフィルタ)を使って抽出する.

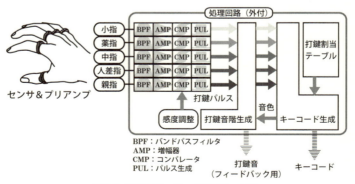

図 3.2 指輪型キーボードのブロック図.

- 得られた信号の大きさを，あらかじめ設定しておいた**閾値**（Threshold Level）と比較して，閾値を上回った場合に「打鍵が行われた」と判断する[13]．
- これは，（片手の5本の指それぞれに指輪を装着した場合）5つのスイッチをそれぞれの指で押していることに等しいので，スイッチが押されたパタンを判断して，入力する文字やコマンドに変換し，コンピュータに送る．

● 設計の検証

実際に作り始める前に，もう一度，要求条件にマッチしているかの確認を行う．今回の場合：

- 小さくしても使いにくくならないこと：**OK**
  - ・衝撃センサは，小さくしても操作性に影響を与えない．
- 常時身に着けたまま生活できるほど小さくできること：**OK**
  - ・（小さな指輪であれば）24時間装着したままでも生活可能．
  - ・指先を覆わないので，日常生活への影響が少ない．
  - ・大腿部や腰を使えば，歩きながらの入力も可能．
- 高頻度使用（速さ，疲れにくさ）：**OK**
  - ・空中動作ではなく，何らかの支持物体の上で打鍵するので疲れにくい．
  - ・打鍵時に指先に（支持物体から）反力が返るので疲れにくい．
  - ・片手の5本の指で入力可能（両手の10本の指を使えば，より高速に入力が可能）．※入力方法や速度については後述．
- その他（コストや耐久性等）[14]：**OK**
  - ・衝撃センサは加速度センサより小型＆安価．
  - ・機械的可動部分がないので耐久性が高い．

であり，当初の要求条件を満たしていると考えられる．

なお，これらの段階の様々な場面で，追加的なサーベイを行っている（特に，新しい構造を考えた時には，特許や論文で新規性を主張できるか否かを判断するためにもサーベイは必須である）．

(ステップ 6)　実装とブラッシュアップ

条件を満たせそうな構造が見つかったので，実際の製作に移る．ただし，いくつか解決すべき課題が残っているので，作りながら考えていく．また，ときどき振り返って，「このまま進んでも大丈夫か？（実現すべき項目を満足しているか？）」を確認することも重要である．

● どうやって文字を入力するか？

今まで紹介してきたのは，各指の打鍵情報を検出する部分のみである．実際にこれを「キーボード」として使うためには，打鍵情報を文字やコマンドに変換しなくてはならない．今回の構造で検出できるのは，「（片手の 5 本の指に指輪を装着した場合）5 本の指それぞれで打鍵動作が行われたか否か」を示す 5 ビット（bit）の情報であり，通常の QWERTY キーボードやテンキーパッドのように，「どの文字キーが押されたか」の情報ではない．したがって，5 ビットの情報を入力文字に「変換（＝第 1 章で出てきたインタフェースの本質）」する必要がある．

5 本の指を用いて文字を入力するキーボードとしては，マウスの発明者としても知られているダグラス・エンゲルバート博士（Dr. Douglas Carl Engelbart）によるものがある（**図 3.3**）．QWERTY キーボードやテンキーパッドの場合，同時に打鍵されるキーは通常 1 つだけである．5 本指キーボードの場合，複数（1〜5 本）の指で同時に打鍵を行い，その組み合わせで文字を入力している（ピ

③ つくってみよう，インタフェース　41

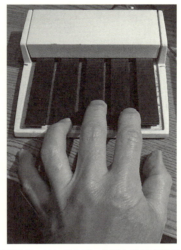

図 3.3　ダグラス・エンゲルバート博士の 5 本指キーボード．
※コンピュータ歴史博物館蔵

ピアノの**和音**のように指を動かすことから，**和音キーボード**（Chord Keyboard）と呼ばれている）．エンゲルバート博士の和音キーボードでは，5 本の指それぞれを文字コードの各ビットに割り振っており，31 種類（2 の 5 乗で 32 種類，ただし 0 は無打鍵）の文字の入力ができた[15]．

原理的にはこれでも入力が可能だが，この中には [.11.1]（先頭から順に，親指・人差し指・中指・薬指・小指の打鍵状態を表す．1 で打鍵．この場合は，人差し指・中指・小指で同時に打鍵することを示す）のように，「打つのが難しい組み合わせ」も混じっている[16]．たとえ訓練をした場合でも，人間の身体（この場合は指の筋肉）の特性上，操作に適さない動作を割り当てるのは好ましくない．ところが，これら使用に適さないパタンを除いていくと，使えるパタン（＝ 表現できる文字数）が減ってしまう．

● 2ストローク同時打鍵入力

従来の「和音キーボード」は基本的に，1回（1 **ストローク**（Stroke）とも言う）で行う同時打鍵のみを用いていたため，入力可能な文字数に限界があった．和音キーボードの場合，指の数（ビット数）かストローク数を増やせば表現可能なパタンを増やせる．例えば両手の 10 本の指に指輪を装着すれば，表現可能なパタンは最大（2 の 10 乗 −1 で）1023 にも達するが，日常生活では常に両手が使えるとは限らない（荷物を持っていたり，吊革に摑まっていたりすることも多い）ので，両手使いを前提としたインタフェースは適さない[17]．一方，仮にストローク数を 2 に増やせば，片手の 5 本の指で表現できるパタンの数は（31×31 で）961 になるが，入力時間が長くなってしまう（単純に考えると，1 文字の入力に 2 倍の時間が必要になり，本書の設計ポリシーでもある「速いが正義」に反してしまう）．

ところが，様々な指の組み合わせで同時打鍵の実験を行っている時に，特定の 2 ストローク打鍵の場合，1 ストロークの同時打鍵と比較しても楽に打て，入力時間もほとんど変わらないものがあることに気が付いた．具体的には：

- 同じ指を連続して使わない（＝ 指を一旦持ち上げて下ろす必要がない）．
- 親指側→小指側（あるいは小指側→親指側）の順で順序打鍵を行う（＝ 手首の外転（手の甲を身体の外側に向かって回転させる），もしくは内転（同，内側に向かって回転させる）動作を用いて打鍵が可能）．

という 2 つの条件を満足する場合に当たる．

そこで，ユーザテストを行い，1 ストロークで表現できる 31 個のパタンに加え，2 ストロークで表現可能な 961 個のパタンのうち，

③ つくってみよう，インタフェース **43**

同じ指を連続して用いない181個の中から，容易に入力できるパタンのみを選択することにした．評価実験の結果，20個の1ストローク同時打鍵に加え，28個の2ストローク同時打鍵のパタンを使うことにした[18]．

● **文字の割り当て**

次に，選ばれた48個の打鍵パタンに対して，文字やコマンド（カーソル移動や実行等）を割り当てる必要がある．先に述べたエンゲルバート博士の5本指キーボードでは，単純にabc順で割り当てが行われていたが，これは入力速度を考えると効率的とは言えない．出現頻度は文字（および言語）に異なっているため，入力速度を上げるためには，高い出現頻度を持つ文字に，打鍵が容易な打鍵パタンを割り当てるべきである．このことを考えた場合に参考になるのが，第1章でも出てきた**モールス符号**（Morse code）である．長短の符号の組み合わせで文字や数字を表現するモールス符号は，英語におけるアルファベットの出現頻度順に，短い（＝楽に速く打てる）コードが割り当てられていた（例：一番多い 'e' が単一の単点（・），次に多い 't' が単一の長点（ー）等）．これに倣い，本キーボードにおいても，同様の頻度順割り当てを行っている（例：1本の指で打鍵できる文字は親指から順に 'SPC'（空白），'e'，'t'，'a'，'o'）．また，連続性のあるもの（数字）や，対称性のあるもの（ '(' と ')' や，'<' と '>' など一部の記号）については，一連あるいは対照的な打鍵パタンを割り当てている（例：'(' と ')' はそれぞれ，[1.22.] と [2.11.]）．なお，たかだか48個の打鍵パタンでは，全ての記号や大文字小文字の打ち分けを含めたアルファベットは網羅できないので，通常のキーボードにおけるシフトに当たる「モード」を複数用意して，文字種別ごとに切り替えるようにしている．

打鍵パタン	モード			
	SEL	CHR	CAP	MRK
1....	SPC	SPC	SPC	SPC
.1...	⇐	e	E	⇐
..1..	⇓	t	T	⇓
...1.	⇑	a	A	⇑
....1	⇨	o	O	⇨
11...	ESC	ESC	ESC	ESC
1.1..	DEL	DEL	DEL	DEL
1..1.	BS	BS	BS	BS
1...1	CR	CR	CR	CR
.1111	*SEL*	*SEL*	*SEL*	*SEL*
.111.	*CHR*	*CHR*	*CHR*	*CHR*
..111	*CAP*	*CAP*	*CAP*	*CAP*
1.1.1	*MRK*	*MRK*	*MRK*	*MRK*

打鍵パタン	モード			
	SEL	CHR	CAP	MRK
.1.1.	+	i	I	+
..1.1	*	u	U	*
.11..	=	n	N	=
..11.	–	–	–	–
...11	"	"	"	"
12222	1	!	!	!
12...	2	s	S	
1.2..	3	h	H	
1..2.	4	d	D	|
1...2	5	f	F	_
2...1	6	m	M	
2..1.	7	c	C	|
2.1..	8	l	L	
21...	9	r	R	,'
21111	0	?	?	?

打鍵パタン	モード			
	SEL	CHR	CAP	MRK
.1.2.	{	w	W	{
.2.1.	}	y	Y	}
..1.2	#	g	G	#
..2.1	$	p	P	$
.12..	&	b	B	&
.21..	%	v	V	%
.1..2	@	x	X	@
.2..1	_	j	J	_
...12	[	q	Q	[
...21	]	z	Z	]
.12.	/	/	/	/
.21.	\	k	K	\
122..	.	.	.	.
211..	'	'	'	'
1.22.	(	(	(	(
2.11.	)	)	)	)
1..22	:	:	:	:
2..11	;	;	;	;

凡例：
・打鍵パタン：[親指，人差指，中指，薬指，小指]，数字は打鍵順（[.]は無打鍵）
・*SEL, CHR, CAP, MRK*：モード変更（単一打鍵で次の1文字のみ，ダブル打鍵でモードロック）

図3.4　指輪型キーボードの割り当てテーブル（アルファベット用）．

アルファベットの割り当てテーブルを**図3.4**に示す[19]．

　なお，本キーボードは，文字の入力だけではなく，日常的な機器操作のためのコントローラとしても使うことを想定しているので，通常使われる「モード」の最も使いやすい打鍵パタン（指1本，もしくは2本での同時打鍵）は，メニュー選択やカーソル移動として割り当てている（具体的には，親指から順に '**SPC**'（選択），'⇐',

'⇓', '⇑', '⇒' である)[20].

　この入力方式を用いることで，1週間程度の練習で約200文字／分の速度での入力が可能になった．これはフルキーボードによる両手打鍵（350文字／分以上）には及ばないものの，手書き文字入力（例えば，代表的な高速手書きアルファベット入力である "Graffiti" では150文字／分程度）より速い．

● ブラッシュアップ

　実際に作って動かし始めると，当初想定していなかった様々な問題が発生する．例えば指輪型キーボードの場合，「意図しない入力」への対応が必要になった．指輪型キーボードは，日常生活のあらゆる場面で使うことを想定しているため，常時装着したままで生活することになる．その場合，ユーザが**意図しない**タイミングでセンサが反応してしまい，不必要な入力が行われる場合がある[21]．今回の場合，衝撃センサの検出信号が特定の周波数帯域（85 Hz 付近）を含むか否かで打鍵の判断を行っている．この 85 Hz という値は，主に指の構造（骨格や筋肉等の内部構造やサイズ）から来ているため，指が何かの物体にぶつかった時等にも発生することがある．個々の衝撃センサの出力からだけでは，正規の入力との切り分けは難しいので，何らかの対策を考える必要がある．考えられる方法としては：

- 使う時にだけ検出機構を ON にする．
- 他のセンサを併用する（例えば，手首下側が机や大腿部に触れていることを検出した場合のみ動作を許可する）．
- 衝撃センサをやめて，他のセンサを使う（※後戻りが大きいので，最後の手段？）．

等がある．

最初に挙げた「使う時だけ ON にする」のが最も簡単だが，普通のスイッチをつけてしまっては，スイッチを入れるためにもう一方の手も必要となるので，「片手でも使える」という条件を満たせない．また，コストの面からも，できれば追加部品無しで問題を解決したい．そこで今回は，「**達磨さんコマンド**」方式を使うことにした．

「達磨さんコマンド」方式とは，特定の打鍵パタンが検出された時だけ，キーボードの入力を有効にするもので，一般的には「**Activation**（活性化）コマンド」や「**Wakeup**（起床）コマンド」とも言われる[22]．当然，Activation コマンド自体が意図せずに入力されてしまっては意味がないので，このコマンドには，「（意図して打つのは簡単だが）日常生活ではめったに出現しない」ような打鍵パタンを割り当てる必要がある．今回の場合，親指→小指の順で，5 本の指を順番に打鍵する 5 ストロークのパタン（[12345]）を割り当てることにした．これによって，新たなセンサを追加することなく，意図しない入力をほぼ抑えることができた．なお，Activation の反対の **Deactivation**（不活化）（あるいは Sleep）コマンドには，逆パタンの打鍵である [54321] を割り当てている．

● **完成**

完成した指輪型キーボードを**図 3.5** に示す．このように，手順を踏んで考えることで，解決すべき条件を満たしつつ，実際に動くインタフェースを作ることができる．現在の実装では，指輪部分に設置されているのは衝撃センサのみであり，処理装置は外付けである．実用化に際しては，処理装置やバッテリを含めた小型化が必要である（「常時装用」が可能なレベルにするには，指の上に搭載する「宝石」部分にセンサのほか，処理装置・無線通信装置・バッテ

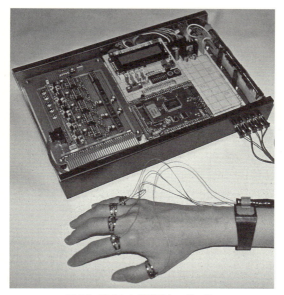

図 3.5　完成した指輪型キーボード．

リ等ほぼ全ての部品を載せなくてはならない[23]）．一方で，小さくしても操作性が悪化しないことが既にわかっているので，技術的に可能な限り，安心して小型化を進めることができる．

3.4　ステップ4〜6　ケース2　常時装用型ハンドセット：ウェアラブルな電話とは？

ここからは，もうひとつの作例である，「常時装用型ハンドセット」について述べる．

前節で述べた，「小さくすると使いにくくなる」という課題は，キーボードだけでなく，他のインタフェースについても言える．例

えばディスプレイの場合，単純に小型化すると（たとえ画素数が同じでも）文字が読めなくなり，一覧性も下がってしまう．主な原因は人間側にある．人間の眼の角度分解能は，視力 1.0 の人の場合，1/60 度と言われている．これは約 40 cm 離れた距離で 0.1 mm 程度離れた 2 点の弁別が可能ということになり，ディスプレイの解像度に直すと約 570 dpi となる．仮に 10 インチ・570 dpi のパネルと，10 倍の解像度を持つ 1 インチ・5700 dpi の小型パネルを 40 cm の距離から観察した場合，判別できる最小の文字サイズは変わらなくなる．結果的に，小さなディスプレイでは表示可能な最大文字数が1/100 になり，一覧性が下がってしまう[24]．

　ディスプレイのほかに，小さくすると使いにくくなってしまうインタフェースとしては，電話の**受話器**（Handset）もある．そもそも電話の受話器は，人間の耳と口のそれぞれにスピーカとマイクロホンを配置するために考案されたものである．したがって，多くの人が快適に使えるためには，人間の顔に合ったサイズにする必要がある．例えば，以前日本で標準的に使われていた「黒電話」では，当時の電電公社（現在の NTT）の研究所において，日本人の頭や手のサイズを大規模に調査し，ハンドセットの大きさや角度，握る部分の太さなどが決定されている．ある意味では，日本人にとって最も「使いやすい」受話器とも言える[25]．

　ところが，小型軽量化が強く求められる携帯電話の登場以降，「受話器」としての使い勝手はむしろ悪化してしまっている．機器のサイズを小さくするためにはマイクとスピーカの距離を狭めざるを得ず，結果的に「耳に当てると口が遠い」・「口に当てると聞こえない」という問題を抱えることになった．使う時に広げて使う「折り畳み式電話機」[26]は，収納時の小型化と使用時のフィット感を両立できる良い解決策のひとつではあったが，受話器としての「持

ちやすさ」は，旧来の黒電話に比べて明らかに悪かった．さらに，2000 年代から使われ始めた**スマートホン**（Smart Phone）[27]では，折り畳みができない上に幅広の「一枚板」タイプが主流となり，加えて画面が大型化の一途を辿った結果，電話機としての持ちにくさはさらに酷くなってしまった[28]．

　一方，技術的な観点だけで見れば，小さな**ヘッドセット**（HeadSet）を耳に装着すれば，受話器を手で持たなくても「通話」自体は可能である．マイクロホンが口から遠くなる点は，複数のマイクロホンを用いて周囲の雑音を抑圧する**ノイズキャンセリング**（Noise Canceling）技術を用いればある程度カバーできる．既に世界では多くの人が「ヘッドセット（イヤホンマイク）」を装着したまま生活をしている．コードがない無線式ヘッドセット[29]は「性能をさほど落とすことなく小型化が可能な」実装方法のひとつと言える．

　ところが，技術的に問題がないはずのヘッドセットは，なぜか日本でだけは広く使われていない．ヘッドセットで喋っている姿は一見「一人で喋っている変な人」にも見えるのだが，日本人は特に「周囲から浮く（変な人だと思われる）」のを極度に嫌うため，ヘッドセットを使いたがらないのである[30]．これはむしろ文化的な問題であり，技術では解決できない．将来，日本でも「文化」が変わり，「一人喋り」スタイルが受け入れられるようになるかもしれないが，しばらくの間はヘッドセット型のデバイスの普及は難しいだろう[31]．

　したがって当面のところ，装着型の受話器には，「小さくしても使いやすい」ことに加えて，「一人喋りに思われない」ような操作スタイルも併せて考える必要がある．

50

(ステップ 4)　サーベイを行い，既存の手法や問題点を洗い出す

　まず最初に，「装着が可能なハンドセット（受話器）」というカテゴリで論文や特許等を調べた結果，以下のような既存手法と問題点が見つかった：

- 腕時計型：
  - ・昔の SF でよく出てきた腕時計型トランシーバスタイル（腕時計に向かって喋る）：
    - 悪 一人喋りに見られる．
  - ・腕に巻き付けておき，使用時に取り外して「受話器」の形状にする：
    - 良 「電話をしている」ように見える．
    - 悪 展開に両手が必要，形状が大きくなりがち．
  - ・手首内側にマイクを設置．使用時にスピーカを手の平まで伸ばし，マイクを口に近づけて使用：
    - 良 「電話をしている」ように見える．
    - 悪 展開に両手が必要，スピーカが耳から遠く聞きにくい．
- ペンダント型（使用時には手で持って口に近づける．イヤホンと併用するものが多い）：
  - 悪 一人喋りに見られる．
- 眼鏡型：
  - 良 ハンズフリー通話可能．
  - 悪 一人喋りに見られる．
- イヤホン型：
  - 良 最も小型化が可能，ハンズフリー通話可能．
  - 悪 一人喋りに見られる．

③ つくってみよう，インタフェース　51

- •「電話」のパントマイム型（小指指先にマイク，親指指先にスピーカを設置．指を広げて使用）：
  - ⦿「電話をしている」ように見える．
  - ⦿ 指先を覆うので常時装用は無理．

上に挙げた例のいくつかは，手を顔の横に当てた状態で使用する．この姿勢は本来の「受話器」の使用方法と同じなので，周囲からは「一人喋り」に見えにくくなるという利点がある．そこで今回は，「手を顔の横に当てる」操作スタイルを中心に考えていくことにした．

(ステップ5)　設計

● 設置手法の検討

先にヘッドセットの例で述べたように，マイクロホンはある程度口から離しても，発話音声を捉えることができる．一方で，スピーカの方は可能な限り耳に近づけて設置する必要がある（消費電力の低減，騒音下での聴きとりやすさ，周囲への音漏れ低減など，ほぼあらゆる点で優れている）．

手を顔の横に当てた場合，ちょうど指先部分が耳孔の近傍に来る．理想的なのは「付け爪スピーカ（付け爪受話器）」だが，スピーカやマイクに加え，バッテリや無線装置を含んだ全ての機構を，日常生活に影響しないように1mm以下の厚みに収め，爪に載るサイズで実現するのは難しい（「指サック」型は，指先を覆ってしまうので常時装用には向かない）．

実現可能性を考えれば，手首部分に本体を設置することになるだろう．この場合，マイクを手首内側に設置しておけば，使用時に自然とマイクが口もとに近づくので都合が良い．

そこで、「手首部分に受話器本体を、マイクを手首内側に設置する」とした上で、「どうやってスピーカを指先部分まで持って来るか」を考えることにする。指輪型キーボードの項でも行ったように、実際に身体を動かしながら（＝今回の場合、手を顔の横に当てて）「何が起きているか」・「何が利用できるか」を考えていくことは、アイディア出しの段階において非常に効果的である。

サーベイの例にもあるように、スピーカを手首部分に収納しておき、使用時に伸ばす方法が考えられるが、指先まで持っていくには 15 cm 以上の長さが必要になり、手首部分への収納が難しくなる（従来例ではバンドの一部として手に巻き付けているが、手の平までしか届かない）。巻き取り式ワイヤ＋指サック型スピーカという手法も考えられるが、通話開始時にもう一方の手を使って引き出す必要がある。また、爪先にワイヤレスのスピーカを設置しておく手法は、前述したように技術的に実現困難である。

● 手を音声信号の伝達経路に使う

しばらく手を眺めながら考えているうちに、「手を受話器の一部として使えるのではないか」と思い付いた。具体的には、手首から指先部分まで、何らかの方法で音声信号（今回の場合は受話音声）を伝達することができれば、実質的にスピーカを指先部分に設置したのと同じことになる。

ここで前述の指輪型キーボードを思い出してほしい。指輪型キーボードでは、指先で発生した打鍵衝撃が、指を伝わって指の根元のセンサまで到達している。したがってこれとは逆に、指や手首で発生した振動を、手や指を伝わって、指先まで到達させることも可能に思える。

● **検出テスト（予備実験）**

早速，キーボードの場合と同じように，簡単な実験を行って，実際に振動が指先まで伝達できるかどうかを確かめることにする．指先（人差し指）には，指輪型キーボードの実験で用いたのと同じ衝撃センサを設置し，指の付け根・手の甲・手首内側部分の3カ所から，広帯域のテスト信号を振動として印加した[32]．検出された信号の周波数分布を**図 3.6**に示す．

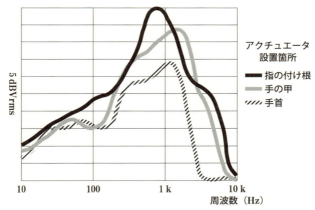

図 3.6　手首などに設置した振動子から指先に伝わる振動（周波数分布）．

これを見れば，手首・手の甲・指の付け根のいずれから振動を印加しても，指先にまで振動が伝わっていることがわかる．機器の設置が容易な手首は，指の付け根や手の甲に比べて効率は落ちるものの，電話音声の伝達に必要な 3400 Hz 迄の帯域[33]は十分に伝達できることが確認できたので，「手首に振動子を設置する」方向で検討を進めることにした[34]．

● 指先から耳に振動を伝えるには？

手首から指先まで，手や指を伝って振動を伝達できることはわかったが，最後にこれをユーザの耳に音声として伝える必要がある．単純に考えると，何かのデバイスを指先に装着して，「振動」を「音」に再変換する必要がありそうだが，実は我々の「耳」自体が **振動→音** の変換器なので，これをそのまま使えば良い．具体的には，振動が伝わっている指の指先を，耳孔に挿入するだけで OK である．こうすることで，指先の振動が耳孔（外耳道）の壁面に伝わり，頭蓋を通じて鼓膜・耳小骨・内耳等に伝達される（これは **骨伝導**（Bone Conduction）と同じ仕組みである）[35]．

● 骨伝導のメリット

骨伝導を用いた受話方式には，「騒音下でも聞きにくくならない」というメリットがある．実際に，本機構を用いて実験を行った結果，周囲の騒音レベルが 80 dB（電車の車内に相当）の場合，通常のイヤホンに比べ，音量を 10 dB 下げても聞き取りが可能であった．音量を下げられれば，消費電力や周囲への音漏れも少なくなる．また，通常の骨伝導ヘッドホンの場合，振動子を耳の後ろ（乳様突起）等に接触させて使うため，耳孔自体は開いており，外部の騒音が入ってきてしまう．本機構の場合，使用時には指で耳孔を塞ぐ状態になるので，外部騒音の遮断効果も期待できる．

指を耳孔に挿入することで，別のメリットも生まれる．携帯電話を使っていると，必要以上に声が大きくなってしまうことがある（特に周囲が騒がしい環境で顕著）．これは，「周囲が騒がしい」→「自分が喋っている声が聴こえにくく，どの程度の音量で喋っているのかわからなくなる」→「自分の声も相手に聞こえにくいのではないかと不安になる」→「声が大きくなる」という連鎖によるもの

である（実は多くの携帯電話では，騒がしい環境下でも通常の音量で喋れば十分である）．指を耳孔に挿入することで，自分自身で喋った声が，自分の頭の中に響くように感じられる（セルフフィードバック効果）．これによって，「自分の声がしっかりと発話されている」ことが理解できるので，自然と声が小さくなる．実際に本機構を用いて実験を行った結果，周囲の騒音レベルが80 dB（電車の車内に相当）の場合，通常の携帯電話を使った時と比べ，ユーザの声の音量が6 dB下がることが確認できた．結果として，本機構を使うことで，騒がしい場所でも声が大きくなりにくく，周囲の迷惑になりにくい，という副次的効果も得ることができた．

● **設計**

今までに明らかになったことに基づいて，手首装着型ハンドセットの構造を考える（**図3.7**）:

- 手首内側（人差し指に繋がる「腱」の位置）に振動子（骨伝導スピーカ）を設置する．
- 使用時には，手を顔の横に当て，人差し指を耳孔に挿入して音声を聴取する（爪を外耳道の壁面に接触させるのが効果的）．
- 手首内側にマイクロホンを設置する（使用時には口の位置に来る）．

● **設計の検証**

実際に作り始める前に，もう一度，要求条件にマッチしているかの確認を行う．今回の場合:

- 小さくしても使いにくくならないこと：**OK**
  - ・振動子やマイクロホンは，小さくしても操作性に影響を与えない．

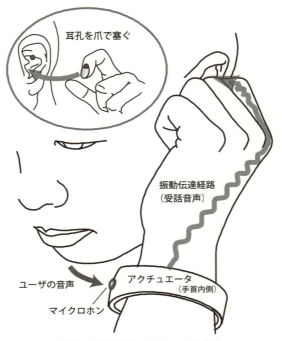

図 3.7　手首装着型ハンドセットの構造.

- 常時身に着けたまま生活できるほど小さくできること：**OK**
  - 小型の腕輪状であり，24 時間装着したままでも生活可能.
  - 指先に何も設置する必要がなく，日常生活への影響が少ない.
- 「一人喋り」への対応：**OK**
  - 電話の受話器と同じ姿勢で使用するので，「一人喋り」に見られにくい.

であり，当初の要求条件を満たしていると考えられる.

③ つくってみよう，インタフェース　57

ステップ 6　実装とブラッシュアップ

　条件を満たせそうな構造が見つかったので，実際の製作に移る．前のケースと同様に，いくつか解決すべき課題が残っているので，作りながら考えていく．

● どうやって**操作**するか？

　手を信号伝達経路として使うことで，通話自体は可能となるが，ハンドセットのコントロール（発着信・切断・番号入力の操作等）をどうするかという問題が残っている．通常の電話機やヘッドセットは，ボタンを押して各種操作を行うが，手首の位置にボタンを設置した場合，小型化に伴う操作性の悪化が避けられない．また，操作するためには**もう片方の手**も必要であり，「いつでもどこでも使う」という本機の要求条件を満たせなくなる．

　幸いなことに，筆者らは既に「指輪型キーボード」で，指先の打鍵衝撃を用いて入力を行う機構を試している．この方法を応用して，指先の打鍵衝撃を，受話器本体が設置されている「手首」部分で検出し，コマンド操作に用いることを考えた．

　この方法であれば，衝撃センサを手首部分に追加設置するだけで済む．小型化に伴う操作性の悪化がない上に，操作も片手で完了する．ただし，各指に衝撃センサを装着する指輪型キーボードとは異なり，「どの指で叩いたか」の判別はできなくなるので，前述した同時打鍵ではない，別の入力方法を考える必要がある．

　そこで，指を叩く間隔に長短の差を設け，モールス符号のように入力する方法を考えた[36]．これであれば，指の区別をすることなく，打鍵のタイミングだけで入力が可能である．なお，指輪型キーボードの場合，入力には机や大腿部など，何らかの支持物体が必ず必要であったが，今回の場合は，親指と他の指（使い勝手を考える

と，人差し指か中指が妥当）を向かい合わせて叩くことで，支持物体を使わなくても入力が可能である（VR の「空中タイピング」とは異なり，指には反力が返るので疲労は少ない）．

一方で，同時打鍵に比べて表現できる符号数は大きく減ってしまうので，多くの文字を高速で入力することには向いていない[37]．ただし，「受話器」に求められる操作はそれほど多くはなく，極端に言えば，「通話（発着信）」と「終了（切断）」の 2 種類だけでも構わない（発信先の指定は，「通話」コマンドの後に，音声で相手の名前や番号を入力すれば良い）．

もちろん，指輪型キーボードの時と同様に，「意図しない入力の防止」は必要になる．「達磨さんコマンド」はひとつの方法だが，ハンドセットはキーボードと異なり，コマンドの数も操作頻度も非常に少ないので，ひとつのコマンドを打つために，いちいち「達磨さんコマンド」を付加するのは面倒である．どうせなら，日常生活で現れにくい打鍵リズムを，直接個々のコマンドとして割り当てる方が操作が簡単になる．

そこで，実際に手首に衝撃センサを装着した状態で 1 日過ごしてみて，どのようなリズムが現れる（＝誤検出されやすい）かを調べてみた．その結果，**同じリズムが連続する**パタンがノイズとして入りやすいことがわかった[38]ため，意図的にリズムを崩した**図 3.8** の 2 種類の打鍵パタンを，「通話」および「終了」として割り当てることにした（なお，リズムの速度は，被験者実験から「♩＝120/min」としている）．

● ブラッシュアップ

今回の場合，製作を始めてから明らかになった問題点としては，「振動子からの音がマイクに回り込む（＝通話の相手方には大きな

図 3.8 「通話」と「終了」のリズムパタン.

エコーとして聴こえる)」や「振動子周囲からの音漏れ」があった.前者については,振動子とマイクの双方を手首部分に近接して配置していることが原因である.簡単に解決するには,どちらかの設置場所を手首の外側等に移動すれば良いのだが,骨伝導の伝達効率やマイクの集音効率を考えると得策ではない.そこで,マイクと振動子を防振材で包むことで,エコーの低減を図った[39].また,振動子周囲からの音漏れについては,手首バンドと皮膚の間で音が反響していることがわかったので,振動子ユニットを細い金属バネで空中に浮かせるデザインを取り入れることで,低減を図っている.

● **完成**

完成した手首装着型ハンドセットを**図 3.9**に示す.指輪型キーボードと同じく,手首に載っているのはセンサやスピーカの部分だけであり,電話機としての機能は外付けである(操作ボタンは一応つけてはいるが,なくても構わない).同様に,小さくしても操作性が悪化しないことがわかっているので,技術的に可能な限り小型化を進めることができる[40].

図 3.9 完成した手首装着型ハンドセット（左），および小型＆ワイヤレス化を図った指輪型ハンドセット（右）．

3.5 本章のまとめ

本章では，2つの例を挙げて，インタフェースデバイスの製作過程について紹介した．実際に製作を始めると，ここで挙げた以外にも，解決すべき課題が次々と現れることになる．注意すべきは，日々の不具合潰しに追われて小手先の対策を繰り返したあげく，本来の目的（実現すべき条件）を見失ってしまうことである．そのためには，ときどき立ち止まり，「このまま進んでも大丈夫か？」を確認するようにしたい．なお，一通り最後まで製作すると，どの箇所に問題があるのかが明確になる．時間が許せば，今までに明らかになった問題点を全部整理した上で，改めて「改良版」を作ると，各段に良くなることが多い．

【第3章　注釈】

1) 手や指などの**操作器官**の場合，極端に小さな物（あるいは逆に大きなもの）

は操作しにくい．一方，眼などの**感覚器官**における「適正なサイズ」としては，検知可能な解像度や距離（＝ 極端に小さな文字や，近くにある物体はハッキリとは見えない）などが挙げられる．

2) 指先で押しやすいように，キー同士の間隔（**キーピッチ／Key Pitch**）は通常 19 mm 程度必要とされる．

3) 1970〜80 年代に「電卓付き腕時計」がブームになったことがある．小さなテンキーが腕時計についており，確かに計算はできたものの，米粒のようなキーを指先で押すのは至難の業であった．同様に，腕時計にテレビを組み合わせたものもあったが，1 インチ程度しかない画面を見るのは楽ではなかった．

4) 「常時装用」という語句は，補聴器等の機能補助用器具で主に用いられている．使う時に鞄等から取り出すのではなく，常に身に着けて生活できる程度に小型軽量であることを示す．

5) 折り畳みや巻き取り式にすれば多少は持ち運びやすくなるものの，使うために毎回「広げる」動作が必要な上，「装着」できるレベルにまで小さくするのは困難である．

6) VR や AR で用いるインタフェースについては第 4 章も参照のこと．

7) 試しに，手を頭の前に持ち上げて何かを指差す動作をしたまま，手を下ろさずにおいてみよう．おそらく 30 秒も経たないうちに腕や肩が痛くなってくるだろう．現実の世界では，指差しなどの動作は一瞬しか行われないし，長時間手を持ち上げたままにする必要がある時には，机や膝など，何か支えとなる物体の上に手を置いている．したがって，VR の世界で多く行われている「空中に手を持ち上げたままで行う操作」は，我々人間にとってかなり不自然な動きだと言うことができる（第 2 章の注釈 12 も参照のこと）．

8) 通常，キーを打つ時には，キーを打った感触が指先に返ってくる（**触覚フィードバック／Haptic Feedback**）．この場合のフィードバックには，**キーが触れている感覚**（触感）と，**キーが指先を持ち上げる力**（反力）の 2 種類があり，どちらも快適なキー入力にとってはなくてはならないものである．グローブ型デバイスには，指先に振動を与えることで，打鍵時等に「触感」フィードバックを与えるものもあるが，あくまで「何かが指に触れた感じ」であり，指が止まるような反力を与えてくれるものではない．そのため，打鍵した指を止めるためにはユーザ自らが力を加えなくてはならず，非常に疲

れてしまう（試しに，空中で連続打鍵動作をしてみよう．机の上で行った時に比べ，余分な力が必要な上に，速度も上がらないことがわかるだろう）.

9) 川喜多二郎氏が考案した発想法．カードに思いついたアイディアを書き，「似た物同士」をまとめてタイトルをつける．これを繰り返して大きなグループにまとめ，共通点（＝ 核となる解決策）を探る．

10) Alex Osborn 氏が考案した発想法．現在の課題に対し，「大きく（／小さく）したらどうか？」・「入れ換えたらどうか？」・「逆にしたらどうか？」等の問いかけをすることで解決の手掛かりを探る．

11) Tony Buzan 氏が考案した発想法．中央に課題（テーマ）を書き，そこから線（枝）を延ばして思いついたアイディアを描く．枝の先に書いたアイディアからさらに何か思いついた場合は，そこからさらに枝を伸ばして広げていく．

12) TRIZ（トゥリーズと発音）は，冷戦中に旧ソビエト圏で生まれた一連の発明的問題解決手法で，過去の膨大な特許群を分類して得られた「発明のパタン」をもとに新たな発明を手助けする，いわば「発明支援システム」である．いくつかの「発想法」が実装されており，例えば（上で紹介しているオズボーンのチェックリストにも似た）「発明の**基本原理**（「熱で膨らませてみる」・「使われている液体を気体や固体に替えてみる」等 40 種類）」を適用して解決策（＝ 新たな発明）を考えさせるものがある．支援システムとしての底力は，背景にある膨大な特許データベースであり，選んだ**基本原理**に当てはまる特許を例として参照できるようになっている．なお，産業の世界では，ある分野で問題となっている課題が，他の分野では既に解決されていることが多々ある．したがって，一度問題を「基本原理」のように一般化して記述し，データベースを参照することで，他の分野で行われている類似の解決策の検索が可能になる．なお，他人の特許をパクって大丈夫か？　と思われるかもしれないが，もとの特許の請求項の書かれ方（構造に限定が入っているなど）によっては使える場合がある（実際に使う場合には確認が必要）．また，収録されている基本特許のいくつかは古い（大もとは冷戦時代のもの！）ので，既に期限切れになっていることも多い．

13) 机（硬い打鍵面）に比べて大腿部（軟らかい打鍵面）の方が検出される信号レベルは小さいが，単一の閾値で分離可能である．

14) 小型・低消費電力・低コスト・丈夫（壊れにくい）は，たとえ純粋な研究用

③ つくってみよう，インタフェース　63

途であってもできるだけ考慮すべき項目である（もちろん，最終的に実用化を目指しているのであれば絶対条件）．この場合，近い将来の技術発展を織り込むのは構わないが，（小型・低消費電力・低コスト・高耐久性等が）「原理的に」実現可能か，は最低限考慮しておく必要がある．さもなければ，仮に最初の試作機が動いたとしても，その後の実用化で必ずつまずくことになるだろう．

15) 実際には，小文字の 'a'–'z'（26 文字）に加え，コンマ ',', ピリオド '.', セミコロン ';', 疑問符 '?', スペース 'SPC' の 5 文字が割り当てられていた．これでは数字や大文字，その他の記号は入力できないので，彼のシステム（NLS: oN Line System と言われる歴史的なインタフェースのデモ．1968 年）では，右手に持った 3 ボタンマウスのボタンに，残りの 2 ビットを割り振り，合計 127 種類の文字やコマンドの入力を可能にしていた．なお，Bill Buxton 博士による以下の資料では，上記 NLS システムを含め，数多くの Chord Keyboard が紹介されている．
http://www.billbuxton.com/input06.ChordKeyboards.pdf

16) 試しに，人差し指・中指・小指で同時に打鍵してみよう（しばらく続けていると指が攣りそうになる）．同様の「打ちにくいパタン」としては，[.1.11]（人差し指・薬指・小指の同時打鍵）等もある．

17) もちろん，両手に 10 個の指輪を装着しておき，場面に応じて右手・左手・両手の各入力モードを切り替えて使うことは可能である（少し覚えるのが大変かもしれないが…）．

18) 順序打鍵も含めた打鍵パタンは [1.222] のように表すことができる．この例の場合では，最初に親指を打鍵し，引き続いて中指・薬指・小指を同時に打鍵することを表す（「同じ指を複数回使わない」という制約があるのでこの表記が可能）．

19) このほかに，かな文字用の割り当てテーブルもある．かな文字の場合でも，出現頻度の高い文字に簡単な打鍵パタンを割り当てているほか，濁点 '˚ ' が [...11]，半濁点 '° ' が [..1.1] のように，イメージしやすいような割り当てを行っている．

20) このカーソル割り当ては，'vi' という unix で多く使われているエディタに準じている．

21) この問題は，**Midas Touch**（ミダース（or マイダス）タッチ）とも言われ，

身体の動作を認識して動作するシステムで特に問題となることが多い．詳しくは第 4 章の Box 6 を参照のこと．

22）「達磨さんコマンド」の由来は，筆者が子供の時にやっていたゲームから来ている．他の人の指示にしたがって何か動作をする（例：「手を上げてください」）時に，「達磨さん達磨さん」を前につけて言われた時以外に反応すると負けになるというもの．

23）指輪状のデバイスを製作する場合，実際に部品が搭載できるのは，通常「宝石」が載っている上部の $10 \times 10 \times 5$ mm 程度の空間に限られる．一見，「リング」の部分にも搭載できそうに思われるが，この部分を厚くすると，机などに置いた時に当たってカチカチうるさい，指同士をすぼめられなくなる，複数の指輪をつけた場合に指輪同士が当たる，等の問題が出てくるので，実際には配線やフィルムアンテナ程度しか搭載できないだろう．なお，装着したまま日常生活を送るためには，「防水性」も必要だが，完全密閉にした場合，充電方法が問題になる．この場合の候補としては，電磁誘導を用いたワイヤレス充電（リングの部分をコイルに使える）や，太陽電池（宝石部分の外壁を使用）が考えられる．また，データの送信には，超低消費電力無線のほか，指輪が人体に触れていることを利用した人体通信（第 4 章の注釈 39 を参照のこと）も考えられる．

24）この問題を解決する方法のひとつは，**HMD**（Head Mounted Display／頭部搭載型ディスプレイ）のように，ディスプレイを眼に近づけて配置することである．設置距離が 1/10 になれば，1 ピクセル当たりの視野角は変わらないので，小さなディスプレイであっても大量の情報を表示することができる．HMD については 4.5, 4.6 節も参照のこと．

25）黒電話は正式には「600 型電話機」と言い，1960 年代から現在に至るまで，同じ基本設計のまま使われている．600 型電話機が登場するまで，電話機はアメリカ等からの輸入品を参考にして作られていた（例えば，1950 年代に使われていた「4 号電話機」）．そのため，受話器のサイズが日本人の顔には若干大きすぎる上，重量もかなりあったため，長時間使っていると手が疲れてしまっていた．

26）このほかには，マイクの部分だけを腕のように伸ばせるものもあった．

27）直訳すると「賢い電話」．日本語では「高機能携帯電話」と言われることが多い．それまでの携帯電話が「通話」を主体としていたのに対し，スマー

トホンはむしろ「通話もできる小型のコンピュータ」の側面が強い．ちなみに，米国ではハイテク系の製品は何でも「Smart〜」になってしまう（Smart Phone, Smart Watch, Smart Car, ...）．もう少しヒネリの効いた言い方はないものだろうか…

28) 大型化したスマートホンの中には，画面が 7 インチ（18 cm）を超えるもの（電話（Phone）とタブレット（Tablet）を合わせて，ファブレット（Phablet）と言われる）もあり，手で持って電話するのはかなり困難である上，使っている姿も正直おかしい．

29) 多くは **Bluetooth**（かつてのデンマーク王のニックネーム「青歯王」から来ている．ブルートゥースと発音）という微弱無線伝送規格を用いている．Bluetooth 規格はヘッドセットのほか，ステレオヘッドホン・キーボード・マウス等にも広く使われている．

30) 欧米では，「ヘッドセットで喋っている」のは「イケてるビジネスマン」（笑）の象徴である．また別の地域では，そもそも周囲のことを気にしないので，電車やバスの中でも平気で通話している．なお，音声認識によるインタフェースが日本で普及しないのも，同じ原因である（「機械に向かって喋っている変な人」に見られるのが嫌）．

31) 「文化」は人為的に変えることも可能である．例えば 1979 年の携帯型音楽プレーヤ（SONY の Walkman）の登場によって，「ヘッドホンを装着したまま生活する」ことは社会的に許容される行為となった．Walkman の発売初期には，全く新しい「文化」を根付かせるために，アルバイトの若者にヘッドホンをつけて街を歩かせたり，影響力の大きな有名人に機器を提供して使って貰うことで，「Walkman を使っている ＝ カッコイイ」というイメージを植え付ける広告戦略が行われた．「ヘッドセット」や「音声認識インタフェース」に関しても，ただ「便利」なだけでは社会に根付かせることが難しい場合，同様の広告戦略が必要になるかもしれない（なお，「ブームを作る」方法は双刃の剣でもある．無理に作られた一過性のブームが終わってしまうと，「まだ＊＊を使っているイケてないやつ」と思われ，急激に萎んでしまう危険性もある）．

32) 手の甲と手首内側では，人差し指に繋がる「腱」の場所に振動子を当てている．また，振動子としては，**骨伝導スピーカ**（Bone Conduction Speaker）を使っている．一般的なスピーカの場合，磁界中に置かれたコイルに電気信

号を流し，電磁力によって得られた振動を，**コーン**（Cone）と呼ばれる薄い紙やプラスチックの板に伝えて，空気を振動させている．このコーンを取り外し，振動を直接皮膚に伝えるようにしたものが，骨伝導スピーカである．

33）アナログ固定電話の規格では，伝送帯域を 300〜3400 Hz としている．

34）振動は固い部分の方が減衰が少なく，かつ高い周波数まで伝わる．指や手の場合，固い部分である骨や腱を使えば，効率良く伝達できることになる．一方で，「関節」の部分は比較的軟らかい軟骨で繋がっているので，関節を経るごとに信号（特に高い周波数成分）が減衰してしまう．特に手首部分の関節は，**手根骨**という細かい骨がいくつも集まってできているので，この部分での減衰が激しい．

35）上の注釈で述べたように，振動の伝達効率を上げるには，「固い物」同士を接触させるのが効果的である（通常の**骨伝導スピーカ**を使う場合も，耳の後ろにある骨の突起（乳様突起）や，こめかみ（Temple）など，比較的皮膚が薄く骨に当てやすい部分に振動子を接触させる場合が多い）．したがって，指先を耳孔に挿入して音声を聴取する場合にも，軟らかい指の腹ではなく固い**爪**の部分を外耳道壁面（皮膚が薄い）に接触させた方が良い．

36）本来のモールス符号（Morse Code）は，長さの異なる 2 種類の信号（短点「・」と長点「－」）の組み合わせで文字を表現している．これに対し，**打鍵間隔の長短**で符号を表現する場合，最後は必ず長符号となるので，同じ打鍵数で表現できる符号の数は半分に減ってしまう．

37）もちろん，叩く回数を増やせば，原理的には無限に数を増やせるが，実用的とは言えない．

38）ノイズの原因としては，歩行時の規則的な振動，乗り物に乗った時の細かい振動のほか，電気式シェーバーやドライヤーの振動などもあった．

39）電気的にエコーを抑える**適応的エコーキャンセル**（Adaptive Echo Canceling）という技術もあり，既に多くの携帯電話やスピーカホンで使われている．

40）後に Bluetooth ヘッドセットの回路と組み合わせて，指輪型の装置（リング部分が振動）を作成している（図 3.9 右図）．指輪型にすることで，振動の伝達効率も改善されている．

4

インタフェースの仕組み
（定番から未来まで）

本章では，現在使われている（あるいは研究されている）代表的なインタフェースデバイスの仕組みや使われ方を紹介している．インタフェースに限らず，何かを作る場合には，アイディアや仕組みの出発点となる「知識の引き出し」をどれだけ持っているかが鍵になる．特に古典的なインタフェースデバイスの多くは長い時間をかけて練り上げられた「適切な実現手法」の例とも言えるので，「引き出し」を増やす上で役に立つだろう．

4.1 キーボード（鍵盤 / Keyboard）

一般的には，押しボタン型のスイッチを並べた構造である．人間の指は繊細な動きが可能であり，入力に必要な指の動きも小さい（水平方向に 10〜20 cm 四方，垂直方向に数 mm，押下力はスイッチによって異なるが数十 cN（＝ 約数十 gf）程度）．さらに，手や指先を**パームレスト**（Palm Rest，キーボードの前に置かれ，手の

平や手首を置いておくための台）に乗せ，指先もキーの表面に軽く
載せた状態で休ませることができるため，長時間の使用でも疲労が
少ない．適切な訓練を受ければ，両手の 10 本の指を用いて，100 個
を超えるスイッチを的確に打ち分けることができ，一分間に 300 文
字を超える速度での入力が可能になる．古典的なインタフェースで
はあるが，「速く快適な」入力を行うという意味では，依然として
最も優れた方式のひとつと言える．

● スイッチの構造：機械式

　機械式の電気接点を並べたものが最も一般的である．以前は個別
部品の押しボタンスイッチ（メカニカルスイッチ，**図 4.1** (a)）を
多数並べて作られていたが，薄型・軽量化やコストダウンの要求か
ら，今日においては，プリント基板上に櫛（くし）形の接点対を設
けておき，キーボタンの押下によって，ボタン底部に設けられた導
電物質（導電性ゴムやカーボン印刷）で接点ペア間を短絡するもの
（「ラバー（Rubber／ゴム）キー」などと呼ばれる．リモコンに多
い，図 4.1 (b)），あるいは接点パタンを設けた 2 枚のフィルム基板
をわずかな間隙を空けて重ねておき，キーボタンの押下によってフ
ィルム同士を接触させるもの（安価なコンピュータ用のキーボード
に多い．**メンブレン**（Membrane／膜）式と呼ばれる，図 4.1 (c)）
が主に用いられている[1]．

● スイッチの構造：容量式・光学式・磁気式

　機械接点を用いないスイッチとしては，**容量式**（Capacitive
Switch）や**光学式**（Optical Switch）がある．容量式のスイッチ
は，向かい合う極板が押下動作によって近づいたことを，極板間の
容量変化によって検出する．極板の接触がなく摩耗に強いが，検出
回路が複雑なことから，高耐久性が必要な産業用や一部の高級品で

④ インタフェースの仕組み（定番から未来まで）　69

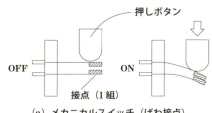

(a) メカニカルスイッチ（ばね接点）

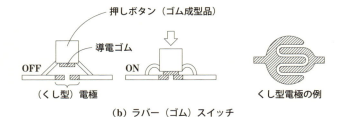

(b) ラバー（ゴム）スイッチ

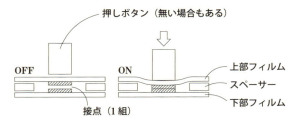

(c) メンブレン（膜）スイッチ

図 4.1　押しボタンスイッチの構造例（メカニカル式，ラバー式，メンブレン式）．

の採用に留まっている．なお，通常は容量の変化をオンオフの 2 状態として検出しているが，原理的にはアナログ量として取り出すことができる[2]．

　同様に，キーの押下量を光学的，あるいは磁気的に検出するタイプもある．打鍵によって変化する光の到達量や永久磁石の動きを光

学センサや磁気センサで検出するもので，容量式と同様に耐摩耗・耐環境性に優れているが，多数のセンサを並べる必要があるため，特殊環境での使用が主である．例えば，光ファイバを用いた光学式スイッチは，検出部を非導電性かつ非磁性にできるため，電磁ノイズを嫌う MEG や MRI などの周辺で使われることが多い[3]．また防爆性（動作に際して火花が発生しない）を利用して，可燃性物質の存在する環境でも使われている）．

● スイッチの構造：タッチパネル式（仮想キーボード）

個別のスイッチではなく，面状の接触検出機構である**タッチパネル**（Touch Panel ※構造の詳細は後述）を用いたキーボードもある．センサの表面をいくつかの領域に分割し，指先やペン先でタッチした位置を検出して，対応する文字を入力する．プログラムによって分割パタンを変えられるので，特定業務向けの操作パネルなど，特殊な配列のキーボードを容易に実現できる．通常，センサ表面に分割パタンに対応した印刷シート（**オーバーレイ** / Overlay）を被せて使用する．また，センサを透過型にして，表示パネルの表面に被せることで，分割パタンを動的に切り替えることができる（**スクリーンキーボード**（Screen Keyboard），または**ソフトウェアキーボード**（Software Keyboard）と言われる）．

タッチ式のキーボードは，表面を平らにすることができ，防水・防塵・防爆性の実現も容易である．そのため，医療機関や食品工場向けなど，動作環境が厳しい産業機器に多く使われている（凹凸のない一枚の「板」にして丸洗い消毒ができるものもある）．一方で，機械式のキーボードに比べて打鍵時の操作感（クリック感や押し込み感など）に乏しく，入力速度の低下や操作ミスを招くこともある．

● クリック感の実現手法

キーボードの操作性に大きな影響を与えるのが，クリック感である．通常，キーボードの打鍵時には，**クリック**（Click）と呼ばれる短い衝撃が指先に帰ってくることが多い．**図 4.2** は打鍵時の押下量と指先への反力の関係を示したものである．一般的に，プッシュスイッチの底にはバネが入っているため，押下量に比例して反力も増える（図 4.2 (a)）．しかし，特定の押下量を過ぎた時点で，一時的に反力が小さくなる部分が設けられている（図 4.2 (b) の★部）．この部分では，指先が「吸い込まれる」ような感覚が生じるが，これが「クリック感」と言われているものの正体である．

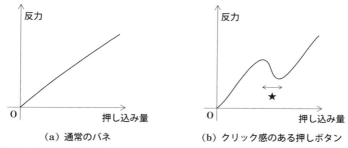

図 4.2 クリック感の正体．一定量押し込まれると，反力が一時的に減少する区間がある（★部）．

クリック感の多くは，座屈（Buckling）のメカニズムを用いて実現されている．安価なキーボードでのクリック感の実現は，**ラバーカップ**（Rubber Cup）と呼ばれるゴム製の段付き部品によって行われていることが多い（**図 4.3** (a)）．押下量が一定値を超えた時点で足の部分が座屈（中ほどで折れ曲がる）し，反力が急激に小さくなると共に，接点が接触して入力が行われる．また，携帯電話など小型の機器では，金属やプラスチック製の薄いドームを用いた，**タクトスイッチ**（Tactile Switch）が用いられている（図 4.3

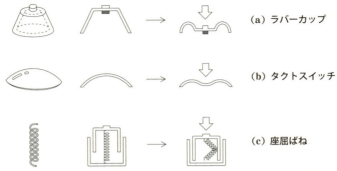

図 4.3　クリック感の実現手法の例（ラバーカップ式，タクトスイッチ式，座屈バネ式）．

(b))．この場合，薄いドーム状部品の中央部分が凹むことでクリック感が生じる[4]．

　クリック感があることで，入力が行われたことが指先への反力の変化として確認できる（＝**触覚フィードバック**／Haptic Feedback）ため，高速・正確な入力に効果があるとされており，多くのキーボードには何がしかのクリック感が付与されている．一方，構造上は「一枚板」であるタッチパネルやスクリーンキーボードにおいては，クリック感を機械的に付与することは難しい[5]．

● **モバイル文字入力と予測変換**

　QWERTY キーボードは机上等の安定した環境で，両手を使って入力することを前提に考えられたインタフェースであり，そのままのサイズで持ち運ぶことは困難である．また，単純に小型化しただけでは，キーが小さくて押しにくい上，10 本の指で高速に打鍵可能という利点を生かすことができない．モバイルでの文字入力は，1980 年代に**ポケットベル**（Pager）で使われた **2 タッチ入**

④ インタフェースの仕組み（定番から未来まで）　73

力（Two Touch Input），2000 年代前半まで，「従来型の」携帯電話（Feature Phone）[6] で使われた**マルチタップ**（Multi Tap）方式を経て，2010 年代以降のスマートホンでは，**フリック入力**（Flick Input）が主流になっている[7]．

　少ないキーで入力するため，QWERTY キーに比べてどうしても遅くなる入力速度を劇的に改善したのが，**予測変換**（Predictive Input）である．ある単語が入力された時点で，ユーザの過去の入力履歴等を参照して，「次に入力されるであろう」単語や文を「変換候補」として表示してしまう．極端な場合，キーボードから文字をほとんど入力することなく，次々に表示される候補を繋ぎ合わせるだけで文章を入力できてしまう[8]．

4.2 **ポインティングデバイス（Pointing Device）**

● ポインティングデバイスの誕生

　最初，コンピュータの出力結果は紙にタイプされた．後にブラウン菅を用いたディスプレイに変わったが，依然として出力されるのは文字のみであった．1973 年，**XEROX パロアルト研究所**（Palo Alto Research Center，PARC と略）で開発された Alto（**図 4.4**）というコンピュータは，記憶装置上の表示用メモリ（Video RAM，VRAM と略）の各ビットを，画面上の 1 ドットに 1:1 で対応させた（Bitmap Display／ビットマップディスプレイと呼ばれる）．これによって，画面上に自由な図形を描画することが可能になった．

　文字のみのディスプレイの時代には，画面はたかだか 80×40 程度の領域に分けられているに過ぎず，仮に位置指定が必要な場合でも上下左右の**カーソルキー**（Cursor Key）で行えば十分であった．しかしながら，ビットマップディスプレイが登場した結果，より細

Box 2　良いものが普及するとは限らない

　　現在使われているコンピュータのキーボードのほとんどは，**QW-ERTY 式**だろう（一段目の文字を左から順番に打つと'Q' 'W' 'E' 'R' 'T' 'Y' と並んでいるのでこう呼ばれる．発音は「クワーティ」）．皆さんは，このキーボードを見て，「なぜこんな配列になっているのだろう？」と思ったことはないだろうか？　QWERTY 式は一応，「英語の文章を打つのに適した文字の配列」ということになっているが，必ずしも最も速く入力できるわけではない（中には，「機械式のタイプライタで問題となった「印字アームの絡まり」を防ぐために，わざと速い速度で**打てないように考えられている**」という**説**まである）．これはインタフェース全般に言えることだが，性能の良いものが必ずしも普及するとは限らない．例えばフルキーボードでは QWERTY 式以外にも様々な形式が考案されている（英語圏だと Dvorak 式・Colemak 式・ABC 式，日本語だと，旧 JIS 式・親指シフト式・M 式・あいうえお式，など）．その中から QWERTY 式が選ばれたのは，操作者である我々の「慣れ」と共に，社会的・経済的な事情が大きく関わっている．

　　仮に，ある配列方式（Q 式としよう）のメーカの機械が（丈夫で安いなどの理由で）人気が出ると，多くの人が Q 式のキーボードに「慣れる」ことになる．世の中に Q 式キーボードのスキルを持った人が増えると，会社等では人集めの効率化のために，競って Q 式キーボードの機械を導入することになり，さらに Q 式キーボードに慣れた人が増える…という循環が起きる．結果として，Q 式キーボードが**デファクトスタンダード**（De Facto Standard / 事実上の標準）として普及していく．一度ある方式が広く普及してしまうと，他の方式に触れる機会（および覚えた場合のメリット）が大幅に減少してしまうため，なかなか覆すことができなくなる（同じ状況は，例えばピアノの鍵盤（これも「キーボード」である）でも見ることができる．「浜松楽器博物館」には黎明期から現在に至るまでの各種鍵盤が展示されており，楽器に興味がある人はもちろん，インタフェースの観点から見ても興味深い

インタフェースの仕組み（定番から未来まで）　75

展示となっている（中には 2 次元状に配置された鍵盤もある．全ての「調」を同じ指使いで弾けるなどの利点があるものの，残念ながら生き残ることはできなかった）．

　機械式タイプライタの場合は，物理的な機構がそのまま配列の差に繋がってしまうため，他の配列を気軽に試すことは難しかった．それに比べ，コンピュータのキーボードの場合は，単なるスイッチの羅列に過ぎないので，他の配列にすることはさほど難しくないと思われる．しかしながら，世の中で売られているコンピュータのほとんどがQWERTY式のキーボード（日本の場合は「QWERTY配列の日本語キーボード」）なのは，経済的な事情によるところが大きい．実は，キーボードのような物理的な構造物は，コンピュータ等の電子機器を作る上でも，大きなコストを占めている．特に，プラスチックや金属を成形するための**金型**（かながた）と呼ばれる金属の型には，多額のコストがかかる（例えば，プラモデル一台分の金型価格は，数千万円〜1億円以上と言われている）．多数の方式のキーボードを商品ラインナップとして揃えるには，その分の金型を作らなくてはならず，加えて流通や在庫管理のコストも増加するため，結果的にマイナーな配列のキーボードは作られなくなってしまう．

　一方で，物理的な構造を持たない**スクリーンキーボード**では，ソフトウェアの変更だけで異なる配列のキーボードを実現できる．金型代はかからず，流通在庫コストもほとんどないために，多くの配列が提供されている（スマートホン用のアプリケーションサイトで，"keyboard"で探してみよう）．しかしながら，ユーザ側の「慣れ」の問題は依然残っているために，一旦**デファクトスタンダード**になってしまった方式を覆すことは依然として難しい．

　なお，QWERTYキーボードがデファクトスタンダードになっていった経緯については，以下の文献が詳しい．
安岡孝一著, "キーボード配列QWERTYの謎", NTT出版（2008）.
山田尚勇著, "コンピュータ科学者がみた日本語の表記と入力 2 文字入力とテクノロジー", くろしお出版（2014）.

図 4.4 Alto (XEROX 1973年). ビットマップディスプレイ, マウス, GUI (Graphical User Interface) 等, 今日広く使われているインタフェースの多くが採用されている. ※コンピュータ歴史博物館蔵

図 4.5 最初のマウス (複製品). 直交して配置された 2 個の円盤の回転を検出する.
※コンピュータ歴史博物館蔵

かい精度で位置の指定を行う必要が出てきた．そこでダグラス・エンゲルバート博士（Douglas Carl Engelbart）によって考案されたのが，「マウス」と呼ばれる入力デバイスである（**図 4.5**）．

● **マウス（Mouse）：機械式**

マウス（Mouse）[9]は，前後左右に移動する動作を用いて画面上の位置を指定する**ポインティングデバイス**（Pointing Device／位置指定装置）である．最初のマウスは，直交して配置された2個の円盤の回転を**ロータリーエンコーダ**（Rotary Encoder）と呼ばれる回転センサで検出し，2次元（XY）の動きに変換する仕組みであった（図 4.5）．しかしこの構造では，円盤に直交した動きに対する抵抗が大きく（タイヤを横に引きずる格好になる），ギクシャクした移動になるという問題があった．そこで，円盤をタイヤのように直接回転させるのではなく，箱の底面に設けられた1個のボール

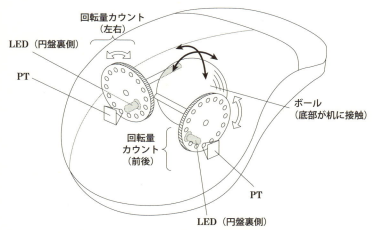

図 4.6　ボールを用いた機械式マウスの仕組み．光学式が登場するまでは，マウスと言えばこの構造であった．

を介してXYの動きを検出する仕組みが考えられた(**図4.6**のほか,図1.6も参照のこと).この構造の場合,ボールの回転は,側面に設けられたシャフトを通じて回転する円盤(**ロータリーエンコーダ**/Rotary Encoder)に伝えられる.円盤に規則的な穴を開けておき,両側から挟むように**LED**(Light Emission Diode/**発光ダイオード**)等の光源と,**ホトトランジスタ**(Photo Transistor)等の光センサを設置しておけば,通過してくる光のパルスをカウントすることで,ボールの回転量がわかる.シャフトの直径が小さく,ボールの「赤道」付近に設置されているため,直交方向の動きに対する摩擦が少なくなり,動きを阻害しにくい.

● **マウス(Mouse):光学式**

機械式の検出器には,長期間の使用によって埃(ほこり)が侵入し,軸の回転に支障をきたすという問題がある.そこで,光学式のセンサを用いて移動量を検出するタイプが考案された(**図4.7**).原理的には小型のカメラであり,机の表面のわずかな模様の違いを手掛かりにして,連続して撮影された画像間の移動ベクトル(向きと大きさ)を検出する**オプティカルフロー**(Optical Flow)という技術を用いている.機械的な可動部がなく密閉式の構造にできるため,高粉塵・高湿潤環境等の過酷な現場に適している.当初はコストが高かったが,専用LSIが安価に供給されるようになり一気に広がった(本章の Box 3 も参照のこと).

● **マウスホイール(Mouse Wheel)**

マウスホイール(Mouse Wheel)は,通常,マウスの2つのボタンの中間に設置されているローラー状の機構で,主に人差し指もしくは中指で前後に回転させて使用する.ホイールの回転操作は,画面の上下スクロールに割り当てられていることが多い(ユーザがカ

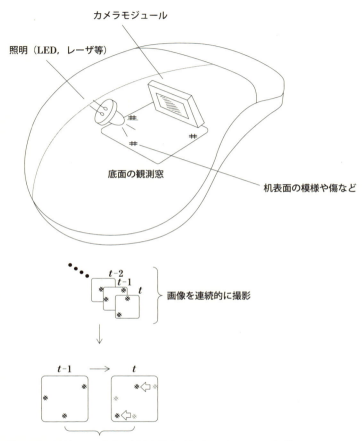

2枚の画像を比較して，移動量(⇦)を推定（オプティカルフロー方式）

図 4.7 光学式マウスの仕組み．小さなカメラで机表面の模様を撮影している．現在主流の方式．

スタマイズできるものもある）．1990 年代にマウスホイールが登場するまでは，画面のスクロールは，端に表示された**スクロールバー** (Scroll Bar) と呼ばれる棒状の領域を**ドラッグ** (Drag, マウスボタ

80

ンを押したままマウスを動かす動作）して行っていたが，決して使いやすいとは言えなかった[10]．ホイールの登場によって，素早く画面のスクロールができるようになり，利便性は格段に向上した．

● トラックボール（TrackBall）

　トラックボール（TrackBall）は，マウスをちょうど上下ひっくり返したような構造である．マウスが本体を把持して，本体ごと机の上を滑らせて操作するのに対し，トラックボールは人差し指（もしくは親指）で，ボールを直接回転して操作する．マウスを使う場合，机の上に「空き地」がなければならないが，机が狭かったり散らかっている（笑）場合には，移動範囲が限られるため操作が難しくなる．一方，トラックボールの操作では本体を移動させる必要がないため，このような場合でも操作性が悪化することはない．

● スティック型ポインタ（Pointing Stick）

　キーボードの真ん中に丸いポッチがあるのを見たことがあるかもしれない．これがスティック型のポインティングデバイスである（図4.8）．IBM の Ted Selker 氏の発明（IBM では TrackPoint® と呼ばれている）によるもので，縦に設置された棒状デバイスの「歪み」を計測することで，2次元（XY方向）の移動を行う．スティックやその基部に貼付された**歪みゲージ**（Strain Gauge，歪みを受けると抵抗値が変化するセンサ）を用いるもののほか，**静電容量センサ**（Static Charge Sensor）や，**感圧抵抗**（Force Sensing Resistor）を用いるものもある．いずれの場合でも，ユーザは棒や円盤に指先を乗せ，動かしたい方向に「力をかける」ことで操作を行う．

　他のポインティングデバイスが全て「指や手を**動かす方向と距離**」で入力を行うのに対し，スティック型のポインタは「指先にか

④ インタフェースの仕組み（定番から未来まで）　81

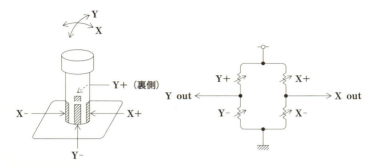

円柱周囲に4個の歪みゲージを配置

(a) 構造と回路図

(b) 実装例
(IBM TrackPoint®)

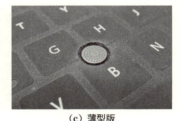

(c) 薄型版
(Microsoft Research)

図4.8　スティック型ポインタ．キーボードと一体化することができる．

ける**力の方向と強さ**」で入力を行う点が大きく異なっている．デバイスの占める面積が小さく，物理的な移動距離もほとんどないため，表面積が限られている携帯型機器への設置に向いている．特に，キーボードの中央（Ⓖ，Ⓑ，Ⓗのキーの間）に設置した場合には，タイピングの際に人差し指が置かれている**ホームポジション**（Home Position）から，指をほとんど動かさずに入力を行えるため，タイピング操作とポインティング操作の切り替えにかかる時間を短縮できる[11]．

一方で，「力を加える」という操作が他のポインティングデバイ

スと異なるため，従来のマウスやトラックパッドに慣れたユーザは「使いにくい」と感じてしまうこともある．

● **トラックパッド（TrackPad）：静電容量式**

トラックパッド（TrackPad）は，薄い板の表面を指先でなぞる方向と距離で入力を行うポインティングデバイスである．現在の主流は，静電容量を利用したものである（**図 4.9**）．パネルの表面にマトリクス状の電極パタン[12]が形成されており，指先（＝ある一定の静電容量を持っている）が近づいた際の容量変化から，置かれた指先の位置を検出している（XY の電極ペアの組み合わせを変えながら順番に測定を行い，どの位置に指があるのかを推定する）．初期のデバイスは単一の座標（＝1 本の指先）を検出するだけであったが，処理方法の進化により，複数（多いものでは 10 個以上）の座標を同時に追跡できるようになり，**マルチタッチ**（Multi Touch ※後述）という操作方法が可能になった．

さらに，一部のデバイスでは，置かれた指先の「方向」や「サイズ」，さらには接触しておらず空中に存在する指先の位置（**ホバー**（Hover）と呼ばれる）も検出可能であり，より多彩な入力操作を

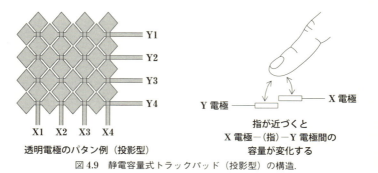

図 4.9　静電容量式トラックパッド（投影型）の構造．

可能としている．構造上薄型にしやすいことや，表面をガラスやプラスチック等の絶縁体で覆っても動作するため防水性を確保しやすい等の利点から，現在主流の方式となっている．

一方で，人間の指の持つ特定の静電容量や接触面積を利用して検出を行っているため，静電容量を持たないペン等には反応しない[13]．

● トラックパッド（TrackPad）：その他の方式

このほかの検出方法としては，一様な抵抗値を持った薄い膜を2枚，微小な隙間を空けて重ねた**抵抗膜式**や，入力領域を囲む四角い枠に赤外線 LED と赤外線センサを並べ，指先で遮られた位置を検出する**光学式**，ガラス板の内部を伝わる超音波の反射を検出し，指先で触れた場所を検出する**超音波式**等がある．抵抗膜式は，精度が良くない・ある程度の力で押し込む必要がある・マルチタッチへの対応が難しいことなどの理由で，安価な機器を除きあまり使われなくなりつつある．一方の光学式は，汚れに強いことから，主に鉄道の券売機等で用いられている．また超音波式は，大型化が容易なことから，テーブル型の端末等で使われている[14]．

● タッチパッド（TouchPad）

前述したポインティングデバイスの多くは，**相対位置指定型**（Relative Positioning）のインタフェースであり，現在ポインタがある場所からの「移動ベクトル（方向と距離）」を入力する．これに対して，目的となる位置を直接指定する**絶対位置指定型**（Absolute Positioning）の入力デバイスもある．センサの構造自体は前述のトラックパッドと同じであり，得られた座標の扱いが異なるだけである．したがって，両方の入力方法を切り替えられるデバイスも多い．

● ペンタブレット（Pen Tablet）

タッチパネルやタッチパッドのうち，ペンを用いた入力に特化したものを**ペンタブレット**（Pen Tablet）と呼ぶことがある．前述のタッチパッドと同じセンサを用いるものもあるが，多くはペンに特化した**電磁誘導式**（Electromagnetic Induction）のセンサが使われている（**図 4.10**）．これは，ペン先にコイルを設置しておき，タブレットに設置した複数のコイルから順番に磁界を発生させ，電磁誘導によってペン先の共振回路から返ってくる応答パルスの大きさを検出するものである（前述の静電容量式タッチパネルの電極をコイルに，指をペン内部の共振回路に置き換えて考えるとわかりやすい）．指先で操作を行うトラックパッドやタッチパネルに比べて高い解像度（概ね 10 倍以上）が実現できるほか，空中でのペン先の検出，多段階の筆圧検出，さらにはペンの傾きや回転角の検出が行えるものもある．また，ペン軸に設けたいくつかのスイッチを用いてコマンド切り替えや「消しゴム」機能を可能にしたものもある．

● タッチスクリーン（Touch Screen），タッチパネル（Touch Panel）

スマートホンやタブレットにおいて主流となっているインタフェースデバイスである．構造的には，タッチパッドをディスプレイ画面と組み合わせたものに相当する．多くの場合，画面の表側に検出機構が設置されるので，検出機構自身は透明であることが要求される．スマートホン等で多く使われている静電容量式タッチスクリーンの多くでは，透明導電性材料である **ITO**（Indium Tin Oxide の略）が使われているが，中には数 μm の細さの金属線を用いたものもある．なお，電磁誘導式の検出デバイスは，液晶等の薄型ディスプレイパネルの裏側に設置することが可能であり，ペンタブレットと組み合わせて使われている．

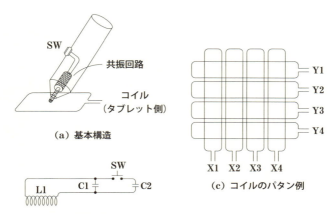

図 4.10　ペンタブレットの構造（電磁誘導式）．

多くの場合，スクリーン上の操作対象物（Object／オブジェクト）を指先で直接触れるようにして指定する（＝ **直接操作型**（Direct Operation）の入力デバイス）．マウスやトラックボール等，「カーソル」を動かしてオブジェクトを操作する **間接操作型**（Indirect Operation）のデバイスに比べて直感的な操作が可能な反面，指先で操作対象物が隠れてしまい，特にスマートホンのような小さなスクリーンで問題となりやすい[15]．

● マルチタッチ（Multi Touch）

一部のトラックパッドやタッチスクリーンでは，同時に複数の指先を接触させた状態を検出可能である．これを利用して，2本の指先（主に親指と人差し指）で「つまむ（**ピンチ**／Pinch）」動作（あるいは逆方向の「広げる」動作）による画面のズーム（および2本の指を用いた物体の回転）を行ったり，複数指（2～5本）による前後左右移動やパッド面押下の動作を，スクロールや画面切り替

え等の拡張操作に割り当てている.

● **フリック入力**（**Flick Input**）

　マルチタッチと同様に，静電容量式のタッチスクリーンによって可能になった操作方法として，フリック（Flick，弾くという意味）入力がある．「弾く方向で入力する」という考え方自体は1990年代（当時は指先ではなく「ペン入力」）から存在したものの，当時の抵抗膜式タッチスクリーンは，軽い押下力での入力ができず，検出速度にも限界があった（＝「弾く」というより「押しながら移動させる」必要があった）．2000年代に広まった静電容量式のデバイスは抵抗膜方式とは異なり，指先で触れるだけで操作できるため，高速に「弾く」ような入力の検出が可能になった．性能の良いインタフェースデバイスの登場が，新しい操作方法を生み出した好例と言える．

4.3 ディスプレイ（**Display**）

　ディスプレイ（Display，「表示装置」一般を表すことも多いが，ここでは**画像表示装置**（Graphic Display）という意味で用いる）は，今日のコンピュータにおける主たる出力インタフェースである．本節では，主な表示機構について紹介する．

● **ブラウン管**（**CRT**，**図 4.11**）

　ブラウン菅（開発者の Karl Ferdinand Braun の名前から取られた．英語では Cathode Ray Tube，**CRT** と略）は，真空状態にしたガラスの「壺」の底面内壁に蛍光物質を塗布し，電子を衝突させて発光させるデバイスである．壺の首部分に設置された**電子銃**（Electron-gun）に高電圧をかけて電子の束（電子ビーム／

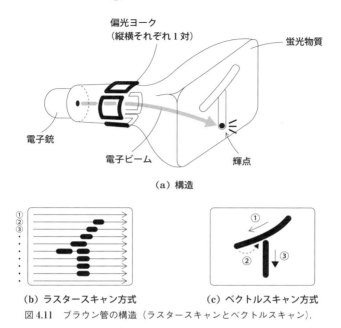

図 4.11 ブラウン管の構造（ラスタースキャンとベクトルスキャン）．

Electron Beam）を放出し，真空中を飛んでいる電子に対して，上下左右から磁界（もしくは電界）を印加することで軌道を変化させ，底面（2次元平面）の特定の場所に順次衝突させることで，文字や図形を表示する．平面ディスプレイが登場するまではコンピュータの主な出力インタフェースであったが，大きく重く，消費電力も多いこと等から，現在では特殊用途を除いてほとんど作られていない[16]．

● **液晶ディスプレイ（LCD）**

液晶は，細長い棒状の分子が粘度の高い液体中に散らばっている構造で，外部から電界をかけると棒の並び方が変化する物質であ

Box 3　アナログを駆逐したデジタル

いわゆる「デジタル技術」のメリットのひとつに，大量生産による
コストダウンが容易という点が挙げられる．従来の機械式装置の場合，
材料費や加工費（高精度の加工には費用がかかる）に加え，摩耗によ
る故障を防ぐことは容易ではない．同様にアナログ回路の場合も，高
性能の部品は値段も高く，性能のバラツキを抑え込むことは難しい
（個別調整にはかなりのコストがかかる）．一方デジタル回路では，LSI
製作に多額（数千万〜数億円）の初期コストがかかるものの，機械式
のような可動部分がないために摩耗や故障が起きにくく，アナログ式
に比べて性能差も出にくい（自動調整機構の組み込みも容易である）．
したがって，たとえ開発当初非常に高価であったとしても，大量生産
によって劇的なコストダウンが可能となり，結果的に従来の方式を駆
逐してしまうことになる．精密機械部品と高性能アナログ回路の塊で
あったテープ式のビデオカメラやVTR（家庭用でも10万円程度，高
性能の業務用だと100〜1000万円以上）が数万円のメモリ式アクショ
ンカメラや「全録」レコーダーに置き換わってしまったように，今や
ボール式のマウスを見かけることはほとんどなくなった．次に駆逐さ
れるのは何だろうか？

る．**液晶ディスプレイ**（Liquid Crystal Display，**LCD**と略）は，
液晶材料中を通過する光の偏光（振動する方向）状態が変化する性
質を利用している．具体的には，液晶の前後に**偏光板**（Polarizer，
特定の方向に振動する光だけを通過させるフィルタ）を設置し，電
界をかけた時だけ光を通過（あるいは遮断）させることで，光スイ
ッチとして使われている（**図 4.12**）[17]．

このままでは表示面全体を一度にオン・オフすることしかできな
いので，画面を小さい区画に区切って制御することになる（1 区画

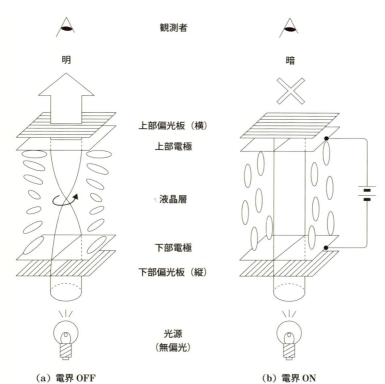

図 4.12 液晶ディスプレイの原理（TN 液晶の例）．

が 1 ドットに当たる）．最も簡単なのは，表は縦方向，裏は横方向にスダレ状の電極を配置し，縦横それぞれ 1 本だけを使って電界をかけることで，その交点のドットを制御する方式（**パッシブマトリクス** / Passive Matrix，もしくは単純マトリクス）である．構造が簡単な半面，**クロストーク**（Cross Talk，隣のドットに影響が出ること）や高速応答性に劣るため，主に小型の機器や低価格品で使われている．一方，現在の主流である**アクティブマトリクス**（Active

Matrix）方式は，個々のドットに対応した場所に，細かいスイッチ機構（**薄膜トランジスタ** / Thin Film Transistor，**TFT** と略）を造り込むことで，クロストークの低減や高速応答性を得ている．

　カラー化に当たっては，ひとつの画素をさらに分割し，R/G/B 各色のカラーフィルタ（色付きセロファンのようなもの）を埋め込む（したがって制御用の配線も 3 倍に増える）．白色光源のバックライトを使い，R/G/B の各成分を ON/OFF すれば，目的の色を表現できることになる．中には RGB 以外の色（黄色や白）を使って色の再現性や明るさを向上させたものもある．

　バックライトとして用いられる光源には，**冷陰極管**（Cold Cathode Fluorescent Lamp，**CCFL** と略）と呼ばれる蛍光ランプの一種のほか，**LED**（Light Emitting Diode / **発光ダイオード**）やレーザーも用いられている．画面の背面もしくは周囲に光源を並べて発光させ，**導光板**（Light Guiding Panel）と呼ばれる光学部材を用いて画面全体をムラなく照らしている．背面設置型の LED を用いた一部の機器では，発光度合いを画面の場所ごとに変化させることも可能である．これによって，明るい画像の場所では発光を強め，暗い場所では発光を弱める（もしくは停止させる）ことで，液晶ディスプレイの弱点であるコントラストの改善を行っている[18]．

● **EL・LED・その他の表示方式**

　EL（Electro Luminescence / **電界発光**）は，電気エネルギーによって発光するデバイスである．素材別に大きく無機（素材に炭素を含まない）と有機（炭素を含む）に分けられるが，ディスプレイとしての使われ方はほぼ同じである（一般的に，無機 EL の方が駆動に必要な電圧が高い（100 V 以上，交流）．一方の有機 EL は直流 10 V 程度）．画素ごとに発光素子をひとつずつ並べ，目的とする素

④ インタフェースの仕組み（定番から未来まで） 91

子を順次点灯させて画像表示を行っている．バックライトを必要としないため，原理的には液晶ディスプレイよりも薄型化に向いているが，液晶に比べて屋外での視認性が悪いほか，発光素子の長寿命化や製造時の歩留りも課題である．

なお，似たような原理による自発光型デバイスには，**LED**（Light Emitting Diode / 発光ダイオード）もある[19]．主に液晶のバックライト・各種インジケータ・照明等に用いられているが，素子をマトリクス状に敷き詰めるとディスプレイとして使うことができる．主に中〜大型の街頭ディスプレイや看板，さらにはビル壁面やスタジアムの超大型ディスプレイとして使われている[20]．この他には，MEMS 技術で作成した微細なシャッターを移動させ，光の干渉を利用して色を表現するものもある．

● プロジェクタ（Projector）

前述したディスプレイは，発光している表示画面を直接眼で見るものだが，映画館と同じように，壁面等に画像を**投影**（Projection）する方式もある．初期のものは，超高輝度のブラウン管を用いていたが，現在の主流は液晶パネルや，微小な鏡を画素数だけ並べた **DMD**（Digital Mirror Device）と呼ばれるデバイスに光を当てて描画を行うものである．特に DMD デバイスは，半導体の製造技術を応用した **MEMS**（Micro Electro Mechanical Systems, メムスと発音）を用いて作ることができるため，安価に大量生産が可能であり，プロジェクタの劇的な小型低価格化に貢献した．

● 3D ディスプレイ（3 Dimension Display）

今まで述べてきたものは，全て「2 次元」の画像を表示するものである．これに対し，「奥行き」を表現できるディスプレイを **3 次元ディスプレイ**（3 Dimension Display）と言う．現在最も多く

使われているのは，左右の眼別々の映像を提示する**両眼視差式 3D**（Binocular Parallax 3D）[21]であるが，人間が立体感を得る要因の一部（両眼視差）だけを人工的に作り出しているために，不自然に感じたり，疲労の原因となることもある．より自然な立体映像を提示できる手法には，**ボリュームディスプレイ**（Volume Display）や**光線空間型ディスプレイ**（Light Filed Display）がある[22]．

● **電子ペーパー（Electronic Paper）**

ディスプレイの中でも特に薄く，かつ情報の保持に電力を必要としないものは**電子ペーパー**（Electronic Paper）と呼ばれており，静電気を帯びた微細な粒子に電界をかけて移動（もしくは回転）させるものが代表的である．自ら発光はしないが，コントラストや解像度が高く，ぎらつきがないので眼に優しいと言われている．反面，書き換えに時間を要するため，動画等時間変化の激しいコンテンツの表示には向かず，カラー表示も苦手である（白黒の粒子とR/G/B のカラーフィルタを組み合わせるため，鮮やかな色が出しにくい）．プラスチックフィルムを用いて柔軟性を持たせたものもあり，最大の特徴である消費電力の少なさ（書き換え時にしか電力を必要としない）と共に，モバイル機器での使用に適している．この他には，電界の印加を止めても構造が崩れない特殊な液晶を使うものがある[23]．

4.4 音（Audio / Voice）・触覚（Haptics）・嗅覚（Olfaction）・味覚（Gustation）

● **音声（＆音響）インタフェース**

音声によるインタフェースは，「誰もが訓練無しで高速に操作できる」という点で，理想的なインタフェースのひとつと言って良

④ インタフェースの仕組み（定番から未来まで） 93

Box 4　3Dと臨場感

　「3D 映像は臨場感がある」と言われているが，本当だろうか？　確かに劇場の大型スクリーンで見る 3D 映画の一部は臨場感（迫力・没入感）が感じられる．しかし，同じ映画をリビングの「3D テレビ」で見た場合，思ったほどの臨場感が得られないばかりか，場合によっては従来の「2 次元」にすら劣ると感じられることがある．原因のひとつが，「大きさの知覚」にある．2D 表示の場合，画面に映った物体の「サイズ（大きさ）」は不定であり，我々は頭の中で自由に拡大縮小をイメージすることができる．ところが 3D 表示の場合，表示された物体の「サイズ（大きさ）」は表示される画面の大きさと奥行き情報から**一意に決定**されてしまい，頭の中で拡大縮小をすることができなくなってしまう（これは我々の知覚機構の問題であり，どうすることもできない）．仮に「全長 2 キロメートルの超巨大戦艦」が映っていたとしても，24 インチの画面で見ている限り，その大きさは 24 インチ（約 61 センチ）を超えることはできないのである．また，この「サイズ問題」によって，従来 2D 映画で培われてきた演出手法の一部が使えなくなってしまっている．画角の異なるレンズを切り替えて使ったり，「ズーム」をした場合，知覚される被写体の「サイズ」が変わってしまうのである（例えば，自動車をズームアウトすると，いきなりミニカーになったように感じられる）．結果としてストーリーに集中することができず，没入間を損なう一因になっていると考えられる．仮に正確にサイズを再現しようとすれば，上映するスクリーンのサイズを固定した上で，単一のレンズを使い，ズーム効果を使わずに全ての映像を撮らなければならず，上映施設が非常に限られる（当然，映画館と家庭用で同じコンテンツを使い回すことはできなくなる）上に，演出手法の多くが使えないため，かなり「つまらない」画面になってしまうと考えられる．

い．また，必要なデバイスもマイクロホンとスピーカ（イヤホン）だけであり，小型化しても操作性が悪化しない上，手を使わずに操作可能（ハンズフリー／Hands Free）など，後述するモバイル（およびウェアラブル）環境にも適している[24]．

音声入力では，環境ノイズの混入を如何にして防ぐかが重要である．マイクを口もと近くに設置する**ヘッドセット**（Headset）は技術的には最良の選択肢であるが，全てのユーザに常時着用を求めるのは現実的ではない．解法のひとつが，複数のマイクロホンを用いた**ノイズキャンセリング**（Noise Cancelling）である．口に近いマイクの信号（端末の表側に設置．ユーザの音声と環境ノイズの双方が収録される）から，口から遠いマイクの信号（端末の裏側などに設置．環境ノイズだけが収録される）を引き算するもの（**適応ノイズキャンセリング**／Adaptive Noise Cancelling）や，特定の方向（例：口の方向）から来た信号だけをピックアップするもの（**ビームフォーミング**／Beam Forming）がある[25]．なお，電話のように音声を伝達するだけではなく，コンピュータの操作手段として用いるためには，**音声認識**（Voice Recognition）によって，話された音声をコマンドや文章として理解する必要がある[26]．

音声や音響出力に際しても，マイクロホンと同様にノイズ抑圧（この場合，騒がしい環境でもクリアに聴こえること）が重要であり，使われる手法もよく似ている．**ノイズキャンセリングヘッドホン**（Noise Canceling Headphone）は，環境騒音をヘッドホンの近くに設けたマイクロホンで計測し，同じ音をヘッドホンの再生信号信号から引き算する[27]．また，複数のスピーカの出力を合成して，目的の方向（＝携帯端末を持ったユーザの頭の方向）だけに音を伝える手法もある（呼び方はマイクと同じく**ビームフォーミング**）．なお，音声認識とは逆に，文字等の情報を音声に変換するのが**音声**

④ インタフェースの仕組み（定番から未来まで）　95

合成（Text-to-Speech，**TTS** と略）である[28]．

● **触覚（Haptics）**

　キーボードのクリック感の項でも述べたように，触覚情報の利用は，快適で正確な操作に効果があるが，人工的に触覚を付与するのはそれほど簡単ではない．**触覚**（Haptics）は主に指先等が触れている物体の表面の状態を示す**触感**（Tactile）と，押した引いた等の力の情報を伝える**力覚**（Force）の2種類に分けることができる．どちらも（本来は）物理的な情報であり，表現するには情報（電気信号）を物理的な動きに「変換」する機構（**アクチュエータ** / Actuator）が必要になる．一般的に**モータ**（Motor）が使われることが多いが，サイズや消費電力が大きく，特にモバイル機器への搭載は難しい．また，本来連続高速回転機構であるモータは直線動作や力の伝達には適してはいない上，時間応答性も悪い[29]．

　モータ以外のアクチュエータとしては，**圧電素子**（電圧を加えると機械的に変形するデバイス，Piezoelectric Device，**ピエゾ**と略）や，骨伝導スピーカのような**電磁錘型**もある．どちらも高速応答性に優れているため，タッチスクリーンに触れた時の擬似的なクリック感の発生に使われている[30]．このほかに，**形状記憶合金**（Shape Memory Alloy，**SMA** と略）もアクチュエータとして使われる．動作音がしないため，「生き物」的な動きを表現するには適しているものの，大きな駆動電流が必要で発熱も酷く，特に電池駆動のモバイル機器への搭載は難しい．

　物理的な動きを用いずに**触感**を付与する方法もある．人間の感覚器官は全て（コンピュータと同じ）物理現象を電気信号に変換するセンサなので，感覚器官や，それに繋がる神経を電気的に刺激することで，擬似的な感覚を作り出すことが可能である．触覚の分野で

は**電気触覚**と呼ばれており，物体に触れた感覚や物体の表面状態（つるつる，ザラザラ等）を表現することができる．機械的な可動部分がないので，機器の小型省電力化が可能な反面制御が難しく，すぐに「痛み」として感じてしまう等の課題もある[31]．

● 嗅覚（Olfaction）・味覚（Gustation）

嗅覚の刺激は，化学物質によるものと電気によるものの2種類があるが，主に使用されているのは，あらかじめ調合された化学物質を鼻の前に散布するものである．RGBの3原色で全ての色を表現できる視覚系とは異なり，嗅覚は異なる化学物質に反応する多数（ヒトの場合は数百種，犬やマウスは1000種程度）の受容体が存在するので，少数の「原臭（？）」を組み合わせて全ての臭いを合成することは困難であり，表現したい臭いごとに別々の化学物質を用意する必要がある．装置が大がかりになる割に，限られた種類の臭いしか再現できない上，使った分だけの化学物質を補充しなくてはならないなどの問題があるため，「嗅覚ディスプレイ」はあまり使われていない（なお，電気による嗅覚の刺激はほとんど行われていない）．

一方，我々が感じる「味」は，主となる「基本味」（甘味，酸味，塩味，苦味，うま味の5つ．舌の上に分布する[32]味覚センサ（味蕾（みらい）で感じるとされる）のほか，辛味，温冷覚，歯応え，舌触りや喉越しに加え，香り，視覚（形状や色），咀嚼時の音等も複雑に絡み合っており，再現は容易ではない．また，化学物質を使用した刺激は，嗅覚と同じく物質の補充が必要なことに加え，連続提示が難しい（前の味が残ってしまう）という問題もある．そのため，現在行われているのは，舌への電気刺激による塩味の増減（図4.15も参照）のほか，咀嚼時の反力や音を提示するものなど，一部

④ インタフェースの仕組み（定番から未来まで）　97

に限られている.

4.5　ウェアラブル（Wearable）・ユビキタス（Ubiquitous）

● **ウェアラブル・インタフェース（Wearable Interface）**

モバイル（Mobile／移動）および**ウェアラブル**（Wearable／装着）環境におけるインタフェースは，机の上などで使う従来のコンピューティング環境に比べて：

- 機器の小型軽量化・低消費電力化が強く求められる.
- 揺れる電車の中など，不安定な場所でも使える必要がある（場合によっては片手操作やハンズフリーも要求される）.
- 公衆環境で使う場合，周囲への迷惑になってはいけない. 情報の秘匿性（プライバシーの確保）も必要.

等の条件を考えなければならない.

　一般的に，キーボードやマウス等，従来のインタフェースは，机の上など安定した環境で使うために考えられてきたものであり，操作性を保ったまま小型化を行うのは難しい. このことは，機器のサイズがモバイルよりもさらに小さくなるウェアラブル環境においてより顕著に表れる. ウェアラブルなインタフェースを考える場合には，従来の機器の単純な小型化ではなく，「装着したまま日常生活を送れること」を前提に，快適に使える操作手法や実現手段を考えていく必要がある[33]. 一方，「装着」によって得られるメリットを積極的に利用することもできる. 以下にいくつかの例を示す：

- **HMD**（Head Mounted Display／頭部搭載型ディスプレイ）：小さな表示パネルでも，眼の直前に置けば視野角を大きく取ることができる. ただし，単純に眼鏡のレンズの代わりに表示パネルを置いても，我々の視覚系はピントを合わせることができ

ない．そのため多くの HMD では，レンズやミラーを組み合わせた特殊な光学系（虚像光学系）を使うことで，見かけの結像位置を焦点調節が楽にできる 1～2 m 程度に設定し，眼に負担がかからないようにしている[34]．

- **視線入力**（Gaze Input）：眼鏡型機器は眼の近傍にセンサを設置できるため，比較的簡単に「眼の情報」を取得することができる．方式としては，黒眼と白眼の境界を追跡するもの（**強膜反射法**），眼球に向けて照射した赤外光の反射像を追跡するもの（**角膜反射法**）等がある．また，ヒトの眼球がわずかに帯電していることを利用した検出手法（EOG 法）もある．

- 腕時計：社会的に受け入れられやすい上，比較的大きく重い機器を装着できる数少ない「一等地」である．ただし，インタフェースとして見た場合，タッチスクリーンや小さなボタンの操作にはもう一方の手が必要であり，使える場面が限られてしまう．例えば手首のデバイスを，**機器を装着している側の手で操作**できれば，入力とディスプレイによる出力が片手で完了する「完全片手操作」が可能になる[35]．

- 指輪・付け爪・ピアス：指輪や付け爪は指先に近いため，指の動きや把持物体についての情報をより詳細に得ることができる．また，ピアスでは脈拍が継続的に計測できる．ただし，いずれの場合も設置できる機器サイズは非常に小さく，バッテリの問題がついて回る．

- その他の部位（額・首）：毛のない額部分は，脳波検出や電気触覚刺激のための電極設置に都合が良く，首（咽頭）部分は骨伝導マイクロホンの設置に適している．ただし，これらの部位への機器装着はあまり一般的ではないので，使用に際しては社会的受容性（＝周囲から奇異に思われないか）を考える必要

がある.

- 衣服：今まで述べて来た「ウェアラブル」な機器は，従来のアクセサリをもとにしている[36]．これに対し，我々が日常的に装着している「衣服」そのものを機器の一部として使うことも考えられている．特に衣服は面積が広いため，取得電力が大きさに比例する発電機構（例：太陽電池や温度差発電）にとっては好ましい．また，（長袖や長ズボンの場合は）手足に装着したウェアラブル機器への電力供給や通信手段として利用できる．導電性の繊維で電源や通信路を縫い込むものが多いが，インタフェースや処理回路自体を構成することもできる．大きな面積を持つ体表面（腕や大腿部）をそのまま操作面として使えるため，ウェアラブル機器で問題となる「小型化による操作性の悪化」を防ぐことができる．

- 靴：靴（靴下）を用いれば，地面との接触状態や歩幅（ストライド / Stride）情報が取得できるため，GPS を用いないナビゲーション（**自律航法** / Dead Reckoning）に有効である．また，歩行時に靴底には体重に相当する力が繰り返しかかるので，圧電素子や機械式発電機（板や液体の動きを利用）を靴底や中敷きに設置することで，1 W 程度の電力を発生させることができる．

● エネルギー供給と通信

ウェアラブル機器を作る上でのもうひとつの問題がエネルギー供給である．機器が小さく，十分な容量のバッテリを搭載することが難しいことに加え，毎日全ての機器を取り外して充電作業を行うのは現実的ではない．したがって充電不要，もしくはユーザが「充電作業」を意識せずに済むようにすることが望ましい．環境中からエ

ネルギーを得るための方法（**Energy Harvesting**）としては，電波（仕組み自体は昔の**鉱石ラジオ**と同じ），光（太陽電池），身体と気温の温度差，運動などが考えられる[37]．また，ユーザに意識させずに充電や電力供給を行う手法としては，スマートホン等で行われているワイヤレス充電のほか，衣服の利用も考えられる．

　また，ウェアラブル機器同士や，インターネットを始めとした外部とのデータ通信も重要な問題である．この場合，エネルギー効率を考えると，各々のウェアラブル機器が個別にインターネットに接続するのではなく，スマートホン（あるいは腰等に設置した小さな**ゲートウェイ**（Gateway／出入口）機器）が外部との接続を一括して行う方が望ましい．ゲートウェイ迄の1m程度の近距離通信[38]には，スマートウォッチ等で使われている Bluetooth 等の近距離無線通信のほか，「常に身体に接触している」というウェアラブル機器固有の特徴を生かした通信方式（**人体通信**／Intrabody Communication）もある[39]．

● **ユビキタス（Ubiquitous）**

　「いつでもどこでも情報にアクセスしたい」という願いを叶えるもうひとつの方法が**ユビキタス**（Ubiquitous／遍在）という考え方である[40]．部屋や建物，あるいは駅から街頭に至るまで，あらゆる場所にインタフェースやネットワークへのアクセス手段を埋め込むことで，ユーザが何も持ち出すことなく，あらゆる場所で情報にアクセスできるようになる．個々人がインタフェースを身に着けてしまう「ウェアラブル」とは真逆の考え方とも言えるが，両者は対立概念ではなく，相互に連携しながら最適な組み合わせを探していくようになるだろう[41]．

④ インタフェースの仕組み（定番から未来まで）　101

● **生体情報インタフェース**

　ユーザの身体にセンサ等のインタフェースを装着するメリットの
ひとつは，**生体情報**（Biological Information）が継続的に取得し
やすいことにある．代表的な生体情報とその測定（および操作）手
法を**表 4.1** に示す[42]．

　入力インタフェースに相当する装着型の生体情報取得装置は，主
として医療用途や健康管理目的で使用されており，本書で対象とす
る「機器操作」としての使用例はさほど多くはない．ひとつの理由
が，多くのものがユーザの意志によって操作できるものではない
（＝不随意性）ことにある．ただし，不随意性の生体情報であって
も，ユーザの身体や心の状態を反映しているので，適切に使えばコ
ンピュータの操作を簡略化できる[44]．一方，ユーザの意志で操作で
きる（＝随意性）生体情報としては，筋電や眼電があり，一部は
入力インタフェースとしても使用されている．

　筋電（Myoelectric Signal，**EMG** と略）を用いた義手や義足は古
くから使われているインタフェースである．初期のものは単純な
オンオフ検出しかできなかったため，残存する腕や肩の筋肉上に
筋電センサを設置（通常は開＆閉に対応した 2 カ所）し，それぞれ
の部位に意識的に力を入れることで，手を握る・開く等の二値的
動作を行っていた．ユーザにとっては本来の「手を握る」・「手を開
く」とは異なる操作となるため，長期間の訓練が必要であった．一
方最近では，機械学習技術の進歩によって，複数の電極を残存部
位（腕等）に設置し，ユーザが手の開閉を行おうとした際の筋電パ
タンを機械学習することで，（中途切除者にとっては）以前と同様
の感覚で操作することが可能になりつつある．中には，認識できる
パタンの組み合わせを増やすことで，手全体の開閉だけではなく，
個別の指の開閉や，握る圧力を制御できるものもある．また，**眼電**

表 4.1 代表的な生体情報測定＆操作手法（無侵襲型）

生体情報 （○：随意性，△：半随意性，×：不随意性）	測定手法	備考
<入　力>		
×：体温	温度センサ，赤外線センサ	
×：心拍数	光センサ，圧力センサ，表皮電極	
×：血圧	圧力センサ＋音センサ	正確な測定には加圧が必要
×：血中酸素濃度	光センサ	
×：GSR（皮膚電気反射）	表皮電極	発汗による抵抗変化
○：筋音	接触型マイクロホン	筋収縮時に発生する音[43]
○：筋電（EMG）	表皮電極	$1 \sim 5$ mV
△：眼電（EOG）	表皮電極	$0.1 \sim 0.5$ mV
×：心電（ECG）	表皮電極	$1 \sim 2$ mV
△：脳波（EEG）	表皮電極	$50 \sim 100$ μV
△：NIRS（近赤外分光法）	赤外線発光器＋光センサ	簡便，時間＆空間分解能×
△：fMRI（機能的MRI）	磁場発生用コイル＋電磁波センサ	大がかり，空間分解能○，時間分解能×
△：脳磁（MEG）	超高感度磁気センサ	大がかり，時間分解能○，空間分解能×
<出　力>		
電気触覚	表皮電極	強過ぎると痛みになる
FES（機能的電気刺激）	表皮電極	筋肉の制御
GVS（前庭電気刺激）	表皮電極	平衡感覚の制御
TMS（経頭蓋磁気刺激）	（8の字）コイル	脳神経の制御，空間分解能×

（Electro-Oculogram, **EOG** と略）を用いたものでは，眼鏡やヘッドホンに電極を設置することで，視線方向や瞬目（まばたき）の動作を検出し，手を使わない（ハンズフリー / Hands Free）な機器操作が実現できる.

一般的に，表皮電極を用いた検出手法は，体動によるノイズや，皮膚状態（発汗や汚れ）による感度変化が大きいため，運動中の使用や，長期間の連続使用に際しては注意が必要である．信号の安定性では，導電性のゲルを用いる**湿式**（Wet）電極が優れているが，数日を超える長期間の使用には向いていない．一方で，金属や導電性樹脂を用いる**乾式**（Dry）電極は，汚れには強いものの，接触が不安定になりやすく，体動による**ノイズ**（生体信号計測では，**アーチファクト**（Artifact）と呼ばれる）混入や，インピーダンス上昇による感度低下が起きやすい[45]．

他方，出力インタフェースとしては，表皮電極による各種受容体や神経線維への刺激が主に使われている．例えば電気触覚は，皮膚表面に設置した電極によって，触覚受容体（応答速度や持続刺激への反応が異なる数種類が存在する）の刺激を行うものである．また，**FES**（Functional Electrical Stimulation／機能的電気刺激）は，筋肉上に電極を取り付け，筋収縮を人為的に起こさせるものである．従来はリハビリ（筋力の回復や歩行訓練等）に使用されていたが，コンピュータの出力インタフェース（腕や指に対して動きの動作を与える）としても考えられている．このほか，三半規管の近くにあり，平衡感覚を司る**前庭**（Vestibular）部分に対して刺激を与え，身体の傾きを制御するもの（**GVS**（Galvanic Vestibular Stimulation／前庭電気刺激）もある．このほか，頭部表面に設置したコイル（電流を集中させるため，8の字型コイルが主に使われる）でパルス状の磁場を発生させ，脳内の特定の部位に微弱な電流を励起するもの（**TMS**（Transcranial Magnetic Stimulation／経頭蓋磁気刺激）もあるが，装置が大がかりになることや，ターゲット領域を絞ることが難しい（空間分解能が悪い）ことから，実用的な「インタフェース」としてはあまり使われていない．

Box 5　最後に残るのはインタフェースだけ？

　ウェアラブル・コンピュータ（Wearable Computer）が最初に話題になったのは 2000 年前後である．当時の小型コンピュータは，VHS ビデオカセットサイズ（Toshiba Libretto 20）や A6 ファイルサイズ（IBM PalmtopPC 110）が精一杯であり，「装着する」にはかなり無理があったため，研究者達は手の平サイズのコンピュータを競って開発していた．また，モバイルインターネットもまだ黎明期であり，不安定な上に速度もわずか 9600 bps（しかも通信料金は青天井！）と，到底満足に使える状況ではなかった．したがって，当時の研究の関心は，装着できるサイズの非力なコンピュータで，如何に現実的なタスクをこなせるか，というところに注がれていた．一方現在では，**スマートホン**（Smart Phone）と呼ばれる携帯端末であっても当時の PC より遥かに高性能であり，モバイルネットワークの接続速度も飛躍的に向上している．さらに，**クラウドコンピューティング**（Cloud Computing，インターネットを **雲**（＝Cloud）に見立て，ネットワーク上に分散した多数のコンピュータによって処理を行う手法）の登場によって，必ずしも物理的なコンピュータを個々人が持つ必要がなくなりつつある．この先，モバイルネットワークの速度がさらに広がり，常時接続があたりまえになれば，**無限の記憶容量と計算能力**を持つインターネット全体を，あたかも自分のコンピュータのように使うことができるようになり，非力なコンピュータやスマートホンをわざわざ「持ち運ぶ（あるいは身に着ける）」必要性は薄くなる．そうなった時，最後に「携帯（あるいは装着）」すべきモノは，人間とネットワーク世界を繋ぐための「インタフェース」だけになると考えられる．つまり，「ウェアラブル」の本質は，「装着できるコンピュータ」ではなく，「装着できるインタフェース」にあると言えるのだ．

4.6 VR / AR (Virtual Reality / Augmented Reality)

ウェアラブル機器の項で述べた **HMD**（Head Mounted Display／頭部搭載型ディスプレイ）は，小さな表示パネルで大きな視野角を得られるという利点があるものの，映画観賞用の HMD のように，単に表示パネルを眼前に設置しただけでは，頭を動かしても画面が変化することはない．これに対して，姿勢や位置を検出す

Box 6　ミダース王の悩みごと

　ウェアラブル機器に限らず，「動作認識」を用いた操作について回るのが**ミダースタッチ**（Midas Touch）と呼ばれる問題である．これはギリシャ神話の Midas 王が，「手で触れた物が全て黄金に変わってしまう」能力を持つ故に困ってしまう話から来ており，誤認識によって**意図していない操作**が起きてしまうことを差す．キーボードやマウス等，「操作を行うために作られたインタフェース」の場合，人為的に触れない限り誤入力は発生しないが，音声・視線・ジェスチャー等，我々が日常生活で用いているものをインタフェースとして用いた場合，ある動作が「日常生活のためのもの」か「コンピュータに対する操作」かを見分けることが難しく，しばしば誤入力が発生してしまう（漫画の「ドラえもん」でも，「バン」という声で弾を発射する道具（空気砲）が，「母さん，**晩御飯まだ？**」という声に反応してしまう場面が描かれている）．誤入力を避けるためには，コンピュータに対する操作であることを明示的に示すのが効果的であり，「日常生活ではあまり使われない言葉や動きを割り当てる（第 3 章で挙げた「達磨さんコマンド」方式）」や，「メインとなる操作手段とは**別の手段**を用いて ON/OFF 制御を行う（例：ボタンを押しながら音声認識コマンドを喋る）」等の手法が考えられる．

るセンサを頭部に設置し，得られた情報に基づいて表示画面をリアルタイムで更新することで，「頭を向けた方向にあるべき絵が見える」ようにできる[46]．コンピュータの中に作られた仮想的な空間の中に人間が入っているかのような表現が可能なこの技術は，**VR**（Virtual Reality／**仮想現実**）と呼ばれており，1965 年に Ivan Sutherland によって作られたのが最初だとされている．その後，1980 年代になって，NASA で宇宙空間における作業の**シミュレーション**[47]に使われたことで，広く知られるようになった．VR の究極の目標は，我々人間が普段行っている，見る・聴く・歩く・手で摑む等の動作を，そのままコンピュータの中でも行えるようにすることである．そのため，今まで述べてきたインタフェースとはかなり異なったアプローチが取られている．具体的には，我々の身体の動き（手・脚・頭部等）の動きをそのまま取り込み，感覚器官（眼・耳・鼻等）に対してなるべく現実と同じ形式で刺激を与えることで，「仮想的（＝Virtual）に作られた空間」を「現実（＝Real）」として錯覚させるのが目的である．以下に代表的なインタフェースを紹介する．

● **VR のインタフェース：視覚**

先に述べたように，VR の中心とも言えるデバイスが HMD である（**図 4.13**）．VR や後述の AR で使う場合，表示装置に加え，単なる表示装置ではなく，頭部の 3 次元的な位置（Position）および姿勢（Orientation）を検出するためのセンサ（加速度および角加速度センサ，あるいは磁気や赤外線等を用いた位置姿勢検出機構）が組み合わされている．多くのものは，左右の眼に別々の画像を提示することで，ステレオ視を実現している．高い没入感を与えるためには，なるべく広い視野角（人間の視野角は 180 度を超える）と

④ インタフェースの仕組み（定番から未来まで）　　107

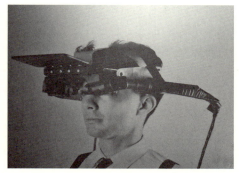

図 4.13　最初期の（透過型）HMD．細長いブラウン管と半透明の反射板を使っている．※コンピュータ歴史博物館蔵

共に，高い応答速度を備える必要がある[48]．

● **VR のインタフェース：触覚（手による操作）**

　手の動きをそのまま捉えるために作られた最初のデバイスが，NASA の研究でも使われた**データグローブ**（Data Glove）である．手袋の各指に沿って光ファイバが張られており，曲げた時にファイバを通る光が減衰することを利用して，指の屈曲を検出する．同様の機構は，曲げることで抵抗値が変化する**歪みゲージ**（Strain Gauge）を用いて実現することもできる[49]

　グローブ型の入力インタフェースは，HMD と共に「標準的な VR インタフェース」として使われることが多い[50]．例えば手で（仮想的な）モノを摑んだり，変形させたりすることが，特別なボタンやダイアルを使うことなく，日常の動作と同じようにできるが，これには触覚によるフィードバックが欠けている．一般的な VR では，物体の色を変えたり，特別な音を鳴らす等の方法で，「摑んだこと」のフィードバックを行っているが，これは現実世界とは

異なり，VR 空間での作業を使いにくくさせる一因となっている．そこで，現実世界と同じように，手に対して触覚（触感や力覚）を与える試みが行われている．指先部分に振動子や刺激用電極を設置すれば，「触れたこと」はわかるものの，記号的な表現に留まっており，リアルな触感（Tactile）の再現は研究途上である．もう一方の力覚（Force）の再現はさらに難しい．モノから返ってくる反力を再現するためには，しっかりした「土台」が必要になるが，手の動きを阻害せずにあらゆる方向からの反力を表現できるメカニズムの作成は簡単ではない[51]．

● VR のインタフェース：聴覚

音も仮想空間における重要なフィードバック手段である（頭を動かせば，音が聴こえてくる方向が変わる）．通常の**ステレオ再生**（Stereophonic）では，左右の方向情報の提示のみが可能だが，**音場再生**（Sound Field Reproduction）という技術を用いれば，2つのスピーカを用いて，3次元（上下左右＋前後）的に音源を定位させることができる[52]

● VR のインタフェース：嗅覚，味覚，温冷覚，風覚等

前の節でも述べたように，現在のところ，嗅覚や味覚の再現は限定的なものに留まっている．このほかの感覚としては，**ペルチェ素子**（Peltier Element. 加えた電流の向きによって冷却と加熱を切り替えることができる半導体の一種．CPU の冷却や，可搬型のクーラーボックス等に使われている）による温冷覚の提示がある．珍しいところでは，身体の周囲に多数の風車を配置して「風の向き」を提示するものもある．

● **VR のインタフェース：全身姿勢の取り込み**

手足を含めた身体全体の姿勢の取り込みを行う装置は，**モーションキャプチャ**（Motion Capture）と言われる．簡易的なものは家庭用ゲーム機でも使われている[53]が，映画やゲーム内のキャラクタの動きを作るなど，より高速かつ高精度なデータが要求される場合には，肘や膝等の関節に対応する位置に目印を取り付けた特別な衣服を着用し，部屋に配置した多数のカメラで目印の位置を追跡するものが広く使われている[54]．

● **AR（Augmented Reality）**

VR（仮想現実）の目的は，コンピュータの中に作られた仮想的な世界にユーザを取り込んでしまうことにある[55]．一方，ユーザの眼の前にある現実世界を，コンピュータの持つ能力を用いて拡張（Augmentation）し，より使いやすくしようという考え方が，**拡張現実**（Augmented Reality，**AR** と略）である[56]．

AR においては，現実世界は今まで通りユーザに知覚（＝ 見える，聴こえる，触れる等）されているのだが，コンピュータの助けによって情報が**付加**され，あたかも人間の能力が高くなったかのように感じられる．最もわかりやすい例が，**注釈**（Annotation）である．例えばコピー機を見た場合，内部構造が透け，紙詰まり箇所にマークがされているように見えることで，より簡単に故障箇所に辿り着くことができる．スーパーで食品を選ぶ時も，手に取った商品に自身のアレルギー項目が含まれていれば警告が表示され，より安全な選択が可能になる（**図 4.14**）．

AR で核となるデバイスが，現実世界に重ねて情報を表示できる**シースルー**（See Through／透過）型の HMD である．方式としては，眼鏡のレンズを半透過式（ハーフミラー等を使用）にして，

図4.14 AR のイメージ．手に取った食品（外国産）の種類やアレルギー成分が翻訳表示されている．

コンピュータの映像を重ねて表示させるもの（**光学シースルー** / Optical See Through）と，眼の前の景色を一旦カメラで撮影し，コンピュータの映像と合成した後，通常の HMD（向こう側が見えない）で表示するもの（**ビデオシースルー** / Video See Through）に分けられる．光学シースルー方式は，現実世界の画像が時間遅れなく鮮明に見える一方で，仮想物体との**位置合わせ**（Registration / レジストレーション）が難しく，風景中の**明るい場所**に注釈を表示することも困難である．一方で，ビデオシースルー方式は，レジストレーションや明所への注釈表示に適している（現実物体を一旦コンピュータ内に取り込むので，位置合わせや輝度の加工が容易）ものの，表示時間の遅れによる「VR 酔い」が起きやすく，画像品質も良くないなど，一長一短がある．

　もちろん，AR で「拡張」する対象は視覚だけではなく，他の感覚に対して適用することもできる．例えば，食物を食べる際の「音」を加工することで，クラッカーの「サクサク感」やビールの「喉越し感」を強調したり，電気刺激によって食物の塩味を濃い目に感じさせることで，塩分の摂取量を（本人に気づかせることな

④ インタフェースの仕組み（定番から未来まで） 111

図 4.15 電気味覚を与えるフォーク．舌に微弱な電流を流すことで塩味の感じ方を変化させられる．※中村裕美氏提供

く）減らすことも可能である（**図 4.15**）．

4.7 インタフェースの未来

● Augmented Human（拡張人間）

AR の項でも述べたように，コンピュータの助けを借りることで，人間の感覚を「拡張」することができる．いわば昔の**サイボーグ**（Cyborg）のようなものだが，古典的なサイボーグが主に機械的能力の拡張（力が強い，速く走れる，空を飛べる…）を志向していたのに対し，感覚器官や情報処理能力（記憶力や思考能力）を含めた全体を，モバイルネットワークとインターネットによって拡張しようとする考え方が **Augmented Human**（**拡張人間**）である．ウェアラブルや AR の応用としてよく言われる，「機械の中身が透視できる」・「ド忘れした対面相手の名前が顔認識でわかる」等は既に人間の能力を拡張していると言えるだろう．Augmented Human ではこれらをさらに推し進め，「衛星＆航空写真，あるいはユーザの上空を追尾して飛ぶドローンの視界をユーザにフィードバック

し，鳥瞰図や背面の景色を見せる（＝視覚の拡張）」・「IoT ネットワークを使って周辺の大気汚染具合を測定し，ユーザに知覚させる（＝嗅覚の拡張）[57]」等が考えられている．もちろんネットワークを使わなくても，「本来見えない（聴こえない）はずの紫外線／赤外線や超音波が変換によって見える／聴こえる」などの「拡張」は可能である[58]．

● 思考インタフェースの実現に向けて

「考えただけで入力できる」インタフェースは，古くから SF 映画等で書かれてきた，いわば「究極のインタフェース」のひとつであるが，残念ながら，一般のユーザが日常的に使えるレベルのものは未だ実現できてはいない．思考インタフェース（**BMI**（Brain Machine Interface），もしくは **BCI**（Brain Computer Interface）と言われる）の実現手段としてまず考えられるのが，**脳波**（EEG, Electro-encephalogram）であろう．しかしながら，脳波はそのままでは非常にあいまいな情報しか取り出すことができない．古典的な「脳波インタフェース」では，脳波を特定の周波数（**α波**（8～13 Hz，閉眼時やリラックスしている時に出るとされる），**β波**（14 Hz 以上，思考集中時等に出るとされる））等に分解し，それぞれの成分の大きさを比較して，何らかの出力を得るものがほとんどであった．しかしながら，この方法では，ごく簡単な一次元の情報（例えば「リラックス～集中」）しか取り出すことができず，しかも対応があいまい（例えば，本人が「集中」していると思っても，「集中」と判定されない等）であり，一部のゲームを除けば，実用として使うには無理があった．

また，計算課題（例：100 から順番に 7 を引いていく）をさせることで，意図的に「集中」状態を作り出せることを利用して，**ALS**

Box 7　究極のインタフェースとは？

　本書で紹介しているインタフェースは基本的に，操作者側による明示的な「入力」を必要としている（例えばコマンドや検索ワード等）．たとえ入力が飛躍的に速くなったとしても，「意図」を「入力」するという部分は依然として人間側の作業として残されている（これは「思考インタフェース」であっても同じである）．一方で，ウェアラブルやユビキタスの項で述べたように，今や我々の身の回り（身体に装着しているものも含む）には無数のセンサが存在している．全てのセンサがネットワークで繋がり，個々人の行動が細かく把握できるようになるのはそう遠いことではない．また，単に現在の状況把握に留まらず，「ヒトが，どんな状況の時に，どんな行動を取ったか」が膨大なデータとして蓄積されていけば，「現在の状況において，ヒトという生物は次にどんな行動を取るのか」が（個々人の特徴や「癖」等も織り込んだ形で）予測できるようになってくる（4.1 節で述べた「予測変換」は，その一例である）．そうなれば，ユーザが何かを欲するより先に，システムが「次にユーザが欲するもの」を予測し，提供することすら可能になるだろう．もはやこの世界では，ユーザは何も「入力」する必要がない．常に所望のものが（先回りして）提供されるので，待ち時間もゼロである．まさに「究極のインタフェース」がここに完成…と言いたいところだが，果たしてこれは我々の望む世界なのだろうか？この状況が続けば，システムに与えられた世界に満足した人類は，何かを「欲しい」と考えることすらしなくなるかもしれない．意図がないので不満も生まれないが，何かを変えようと欲する情熱もなくなり，やがて人類はゆるやかに滅びの道を…

…何だか悲観的 SF のようになってしまったが，幸いながら（？）まだしばらくはこんな世界は来ないだろう．我々は日々 BADUI（第 2 章の注釈 1 を参照のこと）に悪態をつきながら，良いインタフェースを目指して悪戦苦闘することになりそうである．

（Amyotrophic Lateral Sclerosis／筋萎縮性側索硬化症，徐々に筋肉の動きが衰える難病）患者向けに「脳波スイッチ」が開発されているが，本来の意図（例：「電気をつける」）とは異なった思考（例：引き算をする）をする必要があるため，「直感的」とは言えず，複数のコマンドを打ち分けることも難しい．

　これに対し，多くの項目の中から「目的とする項目」を発見した時に発生する **P300** という脳波（課題提示後 300 msec に振幅が正（Positive）側に振れることからこう呼ばれる）を検出する方法もある．例えば画面上に多数のコマンド（例：電気をつける，窓を開ける，電話を取る等）をランダムな組み合わせで表示しておき，ユーザには「目的のコマンドを探す」ように指示しておく．ある表示の組み合わせで P300 信号が検出された場合，「その**組み合わせの中**に目的のコマンドがある」ことがわかるので，異なるコマンドの組み合わせに対して同様の試行を行えば，目的となるコマンドを絞り込むことができる．前述の「計算する」に比べて，より直接的な思考（例：「電気をつける」を探す）での操作が可能なものの，組み合わせを絞り込む必要があり，一回のコマンド入力に 30 秒程度の時間を要するため，一般人が通常生活で使うための入力手段としては力不足である[59]．

　一方，最近になって，機械学習技術が進んだ結果，前述の筋電義手のように，「複雑なパタンから目的の動作を識別する」ことが可能になってきた．また，**fMRI**（Functional MRI，機能的磁気共鳴画像，パルス状の磁場を用いて脳の内部の血流量変化を 3 次元的に捉えることができる．空間分解能が高い（数 mm 程度））や，**MEG**（Magneto-encephalogram，脳磁，超高感度の磁気センサを用いて，脳内の神経活動に伴う磁場の変化を捉えることができる．時間分解能が高い（msec 単位））など，新たな測定機器の登場によ

って，「何かの思考を行っている瞬間の，脳内の3次元的な活動分布」を精密かつ連続的に捉えられるようになってきた．インターネットの登場でアクセス可能になった膨大なデータと計算能力と組み合わせることで，直感的かつ複雑な思考による操作が可能になりつつある（例：思い浮かべた画像を再構成して表示する．思考した通りにロボットアームを動かして物を摑む）．しかしながら，fMRI や MEG は非常に大がかりな装置（「部屋」レベルの大きさで価格も数億円以上）であり，万人が日常的に使うのは無理である．そこで，これらの装置であらかじめ「基本データ」を収集しておき，安価かつ屋外でも使えるような脳波や **NIRS**（Near-infrared spectroscopy／近赤外分光法，赤外線の吸収を用いて頭部の血流量を計測する手法）を用いて実際の操作を行う手法も研究されている[60]．

【第4章　注釈】

1) メカニカルスイッチの場合，動作の際に接点がわずかに横に擦れる（「摺動」）ようにすることで，ホコリ等の付着による接触不良を避けることができる．リモコンに多い「ラバーキー」は，安価にできる（片面基板＋一体成型のゴム板）のが利点だが，長期間の使用によって導電物質や電極が劣化しやすい．ボタンが押しにくくなったリモコンがあれば，一度バラして電極をアルコールで拭いてみるのも良いだろう．なお，メンブレン式はコストが抑えられる上に，密閉構造にできるために埃の侵入が少ないなど利点が多いため，コンピュータ以外にも電子レンジや洗濯機など，水回りの機器のスイッチとしても多く使われている．

2) 機械的スイッチの場合も，接点パタンや導電物質を工夫することで，押下量（もしくは押下圧力）をアナログ値として取り出すことができる．これを利用して，ゲームコントローラのほか，強く打鍵した場合に別の文字（大文字

アルファベット，大きなサイズのフォントやボールド体等の強調文字）を入力したり，単語入力時の押下力の強弱を本人認証に利用することも行われている．

3) 本章末の "思考インタフェース" の項も参照のこと．

4) 図 4.3 (c) は，以前 IBM 製のキーボード等で多く採用されていた，**座屈バネ**（Buckling Spring）方式である．細いコイル状のバネが各キーの中心部に仕込まれており，押下量が一定値を超えた時点で，バネが折れ曲がる．「指が吸い込まれる」と称されるほど良好なクリック感が実現できるため，愛好者も多い．しかし，全てのキーにバネを仕込む必要があるためにコストがかかり，高さも必要になる．またカチカチという大きな操作音が出るので，特に日本のような狭いオフィスでは敬遠されがちである．

5) タッチパネルや携帯機器への触覚フィードバックの付与については 4.4 節を参照のこと．

6) もともとは「特定の機能（＝Feature）を追加した電話」の意味．日本では「ガラケー」とも言われる．なお，ガラケーは「ガラパゴス・ケータイ」の略．もともとは「世界で通用しない日本独自規格」を揶揄する意味で使われていた．

7) 2 タッチ入力は，カタカナ 50 音（および英数字）を，2 桁の数字に分解し，連続した 2 つの入力で 1 つの文字を指定する方式である．全ての文字が 2 ストロークで入力できるため，リズムを乱さずに入力できる半面，コード表を覚えるのが難しく，初心者向きではない．マルチタップ入力は，それぞれのキーに 3〜5 個程度の文字（日本語の場合，「かきくけこ」等）が割り当てられており，2 番目以降の文字を打つ場合には，同じキーを連続して叩く（＝Multi Tap）ことで入力を行う．文字によってストローク数が異なるため，単一のリズムでの入力ができない（特に，同じキーに割り当てられた文字（例："かき"）を連続して入力する場合が面倒）等問題が多い．フリック入力については 4.2 節を参照のこと．

8) 予測変換方式は，その後デスクトップ・コンピュータ用の入力機構にも「逆輸入」されて使われるようになっている．一方，表示された候補が本来入力したいものと少し異なっていても，「まあ，面倒だしこれでいいか…」と考えてしまいがちになる．その結果，「よく使われる表現」と見なされてさらに候補に出やすくなり，最終的に個人の文体自体にまで影響を及ぼすように

④ インタフェースの仕組み（定番から未来まで）　117

なる.

9) 小箱から生えたケーブルがネズミの尻尾のように見えたことから名付けられたとされる.

10) ホイールを使わずにスクロールをする場合,（1）画面端のスクロールバーを探し, その場所までマウスカーソルを動かす.（2）スクロールバーをドラッグして, ページを目的の場所にスクロールさせる. という動作が必要.

11) マウスやトラックパッドの場合, キーボードの「隣」や「下」にポインティングデバイスが置かれるため, 手をポインティングデバイスまで動かす（およびキーボードに戻す）ための手間がかかってしまう. 特に, プレゼンテーション用のスライド作成で, 図形の中に文字を入れる場合など, 頻繁にキーボードとポインティングデバイス間の移動を伴うような場合の操作が煩雑になる. また, 一旦手がキーボードから離れてしまうと, 再度手を乗せた際にホームポジションがズレてしまい, 誤入力の原因となってしまう場合もある.

12) **投影型**（Projection）と**表面型**（Surface）の 2 種類の構造がある. 投影型は縦横の格子状に設けられた検出線の間の静電容量を検出するものである. マルチタッチの検出が可能であるため, スマートホンやタブレットでは主流の方式であるが, 大型化が難しいという課題もある. これに対して表面形は, スクリーン全面を一枚の透明導電体とし, 4 辺に設けられた電極との間の静電容量を検出する方式である. 構造が簡単で大型化も容易だが, 検出できるのは 1 点のみであり, マルチタッチには対応できない.

13) 導電性の部材を先端部に設置した専用のペンもあるが, ペン先を細くするのは難しい. ペンに特殊な発信機を設置して, 細いペン先でも検出を可能にしたものもあるが, 電池が必要になってしまう.

14) このほかの方式としては, カメラを用いて指先を追跡するものや, 液晶パネルに微小な光学センサを無数に組み込んだもの（指の位置や形だけでなく, 表面に接触させた名刺等も読み取ることが可能）等がある.

15) Fat Finger（太った指）問題と言われる.

16) ビームを衝突させる場所の指定（Scan／走査）方式には, 大きく分けて**ラスタースキャン**（Raster Scan）と**ベクトルスキャン**（Vector Scan）の 2 つがある（図 4.11）. 現在の主流はラスタースキャンであり, 画面を多数の横線に分割し, 最上部の横線の左端から右端にかけてビームを動かす. 1 本の横

線の走査が終われば，次の横線に対して繰り返す．画面全体の走査が終われば，最上部に戻って繰り返す．画面の色は，塗布された蛍光体によって決まる．初期は単一色（白，緑，アンバーイエロー（黄色がかった琥珀色））等が用いられていたが，後に複数の蛍光体（主に光の 3 原色である RGB（赤，緑，青））をパタン状に塗布し，特定の位置を狙って電子ビームを当てることで，カラー画像が表示できるようになった．もうひとつの走査方式であるベクトルスキャンは，1 画面内の全ての画像を「一筆書き」の要領で走査するものである．非常に綺麗な線が得られるため，設計用の CAD やオシロスコープ等で主に使われていた．

なお，一秒間に，画面全体を何回走査できるかを表すのが**リフレッシュレート**（Refresh Rate），あるいは**フレームレート**（Frame Rate）と呼ばれる数値である．単位は Hz．高いほどチラツキを感じにくく，高速な動画の表示が可能だが，高速動作に耐える高価な電子部品が必要となるのでコストアップとなる（最低でも 30 Hz．60 Hz 以上が望ましい）．

17) 例えば図 4.12 の TN（Twisted Nematic / ねじれネマティック）型液晶では，電界がオフの場合，液晶はゆるやかに「ねじれた」状態で安定しており，ここを通る光の偏光状態も同様に「ねじれる」ことで，光源の光が観測者まで届く（明るく見える）．上下の透明電極に電界をかけると，液晶の棒が電界に沿って直立することで，「ねじれ」がなくなり，光は上部の偏光板を通過できなくなる（暗く見える）．

なお，ブラウン管とは異なり，液晶それ自体は発光しない．ディスプレイとして使うには，何かの**光源**が必要となる．最も多く使われているのが，この図のように光源（バックライト）を液晶の裏側に置く**透過式液晶**である．一方，バックライトの代わりに反射板を置いた**反射式液晶**もある．この場合の光源は，表面側（私たちが見ている側）から入った太陽光や室内光になる．

18) 液晶ディスプレイの弱点として挙げられるのが，コントラストと透過率の低さである．コントラストについては，偏光板を用いているために，最大でも入射した光の 50 % しか利用できない（偏光板の理論限界値）．逆に全遮断にした場合でも，光の漏れを完全に抑えることが難しい（「黒浮き」と呼ばれる）．一方の透過率については，前述の偏光板に加え，画素に寄与しない配線やスイッチ部分（数十 %，小型のパネルになるほど割合が増える）による遮蔽がある．さらに，RGB の色フィルタはバックライト（通常は白色）

④ インタフェースの仕組み（定番から未来まで）　119

の一部帯域だけしか通さないため，遮断された分の光エネルギーも無駄になっている．結果として，一般的なカラー液晶パネルの透過率はわずか数 % 程度にまで落ちてしまい，残りの光エネルギーは熱として捨てられている．

19) **有機 EL**（Organic Electro Luminescence, OEL）は，海外では **OLED**（Organic Light Emitting Diode）と言われることもある．ややこしいのは，LED（発光ダイオード）と OLED（有機 EL）では発光原理が異なることである．LED は PN 接合の半導体素子の境界面で発光が起きるのに対し，有機 EL は単一素子の両側に電界をかけて発光させる．また，LED は通常点発光（面にすると発光しなくなる）のに対し，有機 EL は面発光であることも異なっている．なお，駆動方式は双方とも数 V の直流である．

20) その他の（自発光型）ディスプレイには，**プラズマ式**（Plasma Display Panel，PDP と略）や **FED 式**（Field Emission Display／電界放出ディスプレイ）がある．いずれも高真空状態にした空間で蛍光体を発光させる点ではブラウン管と同じであるが，ブラウン管が単一の空間を電子ビームで走査する（＝ 電子の軌道を制御するのに奥行きが必要）のに対し，各ドットごとの微小空間に分割することで，大幅な薄型化を可能にしている（微小なブラウン管が数万〜数百万個並んでいると考えても良い）．

21) 左右の眼に別々の映像を提示するには，色の差（アナグリフ式／Anaglyph，いわゆる赤青メガネ）・光の偏光の差（偏光式／Polarization）・提示の時間差（時分割式／Time Division）等が使われている．多くは眼鏡をかける必要があるが，視差バリア（Parallax Barrier）やレンチキュラレンズ（Lenticular Lens）を用いて，眼鏡無しで観察が可能な方式もある．

22) **光線空間型ディスプレイ**（Light Filed Display．いわゆる**ホログラフィー**（Holography）はこの方式のひとつ）は，ある観察窓（＝「額縁」と考えればわかりやすい）を通る光線ベクトル（波長，振幅，向き）をそのまま再生する方式である．人間が立体感を感じる要因である両眼視差・運動視差・輻輳角・フォーカスの全てを再現できる上に，観察に際して眼鏡も不要だが，実現には課題も多い．例えば，十分な視野角を持つホログラフィーを作成するには，1000 pixels/mm という超高解像度のパネルが必要とされるが，仮に 18 インチサイズのディスプレイを作った場合，約 40 万×22 万ピクセルにもなってしまう（ハイビジョン画面（1920×1080）4 万枚分に相当）．なお，某スペースオペラの空中投影のシーンを真似て，半透明スクリーン等に

プロジェクタで投影した絵を差して「ホログラム」と言うことが多いが，明らかな間違いである．あえて言うなら「ホログラフィー風空中ディスプレイ」か．

23) 広義の「電子ペーパー」には，書き換え可能な紙も含まれる．温度や紫外線の照射によって発色と消去が可能なインクを用いるものが多い．専用のコピー機やプリンタを用いて印刷が可能であり，コストも通常の印刷とほぼ同等であるが，消去には専用の「イレーサー（中身はヒーターや紫外線ランプ）」が必要であり，ダイナミックな書き換えには向かない．ちなみに，「擦ると消える」ボールペンも同様のインクを用いている（特定の温度に上げると発色を失う）．冷凍庫等に入れて温度を下げると再び発色するようになる（＝消した文字が現れる）ので，消したと思って安心しないように．

24) ただし，特に日本においては主に文化的問題（周囲の迷惑になる，「一人喋り」に見られる）から，あまり使われていない．詳しくは 3.4 節（常時装用型ハンドセット）を参照のこと．

25) ノイズ抑圧には，**骨伝導マイクロホン**（Bone Conduction Microphone）も有効である（検出器は通常，のどぼとけ（喉仏）のあたりに接触させて使用するが，耳孔や耳の下でも検出可能）．外来ノイズを大幅に抑えることができる一方，常時皮膚に押し付けて使うので痛い（皮膚がかぶれる），高周波成分が減衰するために声が「くぐもり」がちになるなどの問題もある．なお，骨伝導を音声出力に用いることもできる．詳しくは 3.4 節（常時装用型ハンドセット）を参照のこと．

26) 音声認識には様々な手法があるが，多く使われているのが MFCC と HMM の組み合わせである．**MFCC**（Mel Frequency Cepstral Coefficient／メル周波数ケプストラム係数）は，ヒトの音声に特化した特徴抽出方法のひとつ，また **HMM**（Hidden Markov Model，隠れマルコフモデル）は，音声認識や動作認識など，時間変化する事象に対してよく用いられる認識アルゴリズム．

27) ノイズキャンセルヘッドホンの広告で，「騒音を 90% 削減！」等と書かれているのを見ると，「騒音が 1/10 になるんだな」と思われるかもしれないが，実際に聴いてみると，とても 1/10 になっているようには感じられない．人間の感じる音の大きさ（ラウドネス）は，信号のエネルギーが 1/10（$-10\,\text{dB}$）になっても，半分（1/2）程度にしかならない（1000 Hz の場合）．

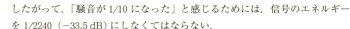

したがって、「騒音が1/10になった」と感じるためには、信号のエネルギーを 1/2240（−33.5 dB）にしなくてはならない。

28) 現在主に使われているのは、波形接続式音声合成（Concatenative Synthesis）である。入力された文章を、**音素**に分解し、対応するデータベースの波形を繋ぎ合わせて音声を再生する。自然な音声を再生するためには、なるべく長い単位（音素→単語→センテンス）での合成が効果的だが、より大きなデータベースが必要になる。従来使われていたフォルマント合成（Formant Synthesis）方式に比べ、大量のメモリ（波形辞書）を必要とするが、いわゆる「ロボット音声」ではない自然な声の表現に向いている。なお、特定の個人の音素片を使うと、「〜さん風」の合成音声を作ることもできる。

29) ギアを用いた減速機構や直線運動機構と組み合わされることが多いが、サイズが大きくなる上、動作音（主にギアノイズ）の発生が問題になる。動物ロボットを作ったはいいが、ギアノイズが酷くて「生き物感」がまるで出なくなることがあるので注意が必要。

30) スマートホンでは、バイブレーション用のモータを短時間だけ動作させて、キーを押した時のフィードバックを行うものもあるが、本来のクリック感のようなキレの良い触感を出すのは難しい。なお、タッチパネルの表面に高電圧をかけたり（**静電方式**）、耳に聞こえない高周波で振動させて（**超音波方式**）、表面の「摩擦感」を変化させる手法もある。

31) 触感や力覚については、VRの項も参照のこと。

32) 従来、「味の感じ方は舌の位置によって違う」と言われてきた（甘味は先端、酸味は両脇など）が、どうやらこれは誤りらしい（センサである**味蕾**は単体で複数の味覚に対する検出器を持っている）。もっとも、舌の位置によって味蕾の分布度は異なるので、味の感じやすさの差はある（先端部分は感じやすい等）。

33) 第3章では、「常に身に着けたまま生活できる（＝ 常時装用）」ことを考えて製作したインタフェースを紹介している。

34) SF小説等で、「コンタクトレンズ型ディスプレイ」が描かれることがあるが、おそらくまともには見えないだろう（仮に角膜の位置にピントが合わせられるとすれば、眼の汚れが気になって仕方がない）。

35) 手首位置での手の状態の取得方法については、3.3節（常時装用型キーボー

ド）も参照のこと．

36) いわゆる「アクセサリ」は，「装着したまま生活しても（比較的）影響が少ない」ように考えられているので，ウェアラブル機器製作の際に参考になる．また，既存のアクセサリに似せることで社会的許容性も利用できる．

37) 血管の中にタービン（風車）を入れ，血液循環の圧力で発電を行うものや，人間の栄養であるグルコース（糖）を分解して動作する一種の燃料電池も提案されている．仮に摂取した食物からエネルギーを取り出すことができれば，充電の手間を失くすと同時にダイエットも可能になり，まさに一石二鳥と言える．なお，人体から取り出せるエネルギーの一覧については，以下の論文にまとめられている．
Starner, T., "Human-powered wearable computing", IBM Systems Journal, vol. 35, no. 3.4, pp. 618-629 (1996).

38) 携帯電話などの **WAN**（Wide Area Network），WiFi などの **LAN**（Local Area Metwork）に対して，**PAN**（Personal Area Network）と言われる．

39) 多くの水分を含む人体は「導体」として考えられるため，人体を 1 本の「電線」と見なして通信を行うことができる．ただし，通信を行うには回路のループが形成されている必要がある（＝2 本の電線が必要）ので，多くの場合は周囲の空間や地面を（暗黙的な）帰還側経路として仮定している．

40) **遍在**（へんざい）とは，「そこかしこにある」という意味であるが，非常によく似た言葉に**偏在**（へんざい）があり，こちらは「かたよって存在する」意味になる．読みが同じで漢字も似ており，誤変換されても気づきにくので注意したい（同じ系統の恥ずかしい誤変換に「**内臓**ハードディスク」や「人工**衛生**」がある）．

41) 例えば，ユーザの身体の状態（体温や心拍）を調べるには，センサを身体に装着するのが最も正確に測定できる（部屋の側からも非接触で体温・心拍に加え，脳波も測定することが可能）．一方で，GPS や街頭ビーコン等，環境側の機器群の助けを借りずに，現在位置を正確に把握するのは困難である．

42) ここでは，無侵襲（身体に傷をつけずに測定可能）なもののみを挙げている．一方，「侵襲性」の手法には，針電極を脳や皮膚に差すか埋め込むことで，神経の活動を記録（もしくは信号を注入）するものや，体液を採集して血糖値・乳酸（疲労の指標に使われる）・コルチゾール（Cortisol，ストレスの指標に使われるホルモン）等を測定するものがある．侵襲性の手法は，

④ インタフェースの仕組み（定番から未来まで）　123

より正確な検出（もしくは出力）が可能なものの，一般人が日常的に用いるのは簡単ではない．

43) 筋肉が収縮している時に発生する音（主に 100 Hz 以下）．耳孔に指を突っ込んだ時に聴こえる「ゴー」という音は，曲げている腕の筋肉の筋音である．

44) 例えば，発汗による皮膚抵抗変化を測定する **GSR**（Galvanic Skin Reflex／皮膚電気反射）によって，「びっくり」するなどの情動変化を捉えることができる（実際に「嘘発見器」として使われている）．これを利用して，ユーザが「びっくり」した時に自動的にシャッターが切れるカメラを作ることができる．

45) 長時間の連続使用にも耐えられる新しい電極素材も開発されている．例えば，「Hitoe（東レ）」という素材は，極細の合成繊維に導電性高分子を含侵させることで，乾式でありながら柔軟性があり，皮膚への密着度を高めることに成功しており，下着等に電極を縫い込む形で使われている．
http://www.hitoe-toray.com/

46) HMD 以外の表示デバイスを用いた VR もある．例えば，ユーザの周囲の壁（＋天井や床）全てを超大型のスクリーンで覆うことで，同様の表現が可能である．HMD の多くは視野角や解像度が十分でないことが多いのに対し，頭部に何も装着せずに高品質な画像が得られるという利点がある（当然，巨大な空間や大がかりな装置が必要で，費用もケタ違いに大きい）．なお，立体表示を行う場合には眼鏡の装着が必要．

47) Simulation（**シミュレーション**）．ある現象を仮想的に再現させて実験等を行うこと．日本語の「シュミレーション」という言い方は誤り．覚え方は「趣味でやるのが**シュミレーション**」．

48) VR システムを作る上で非常に重要なことが，頭部等の姿勢が変化してから，それに対応した描画が行われるまでの時間遅れ（レイテンシ／Latency）を如何に少なくするかである．レイテンシが多いと，いわゆる「VR 酔い」と言われる状態になりやすい．VR 酔いをなくすには，レイテンシを 20 msec 以下にすることが望ましいとされているが，センサによる位置と姿勢の検出→得られた位置から見える風景を計算→再描画（ステレオ視の場合，左右それぞれ必要）をこの時間内に終えるのはそれほど簡単ではない．

49) 1990 年に，家庭用ゲーム機（任天堂ファミリーコンピュータ）向けの入力装置として発売されたのが，「Power Glove」である（当時の価格は 19,800

円）．4 本（小指を除く）の指の曲げ具合に加え，TV の前の手の位置を超音波で検出するためのセンサも備えていた．手や指の動きでゲームができるという触れ込みであったが，精度が悪く，評判は良くなかった．一方で，本家データグローブ（百万円以上）に手が届かなかった当時の研究者や学生にとって，安価な Power Glove は格好の材料であり，数多くの「自家製データグローブ」が作られた．

50）ウェアラブルの項では，「指先を覆うのはダメ」と述べているが，使う時だけ装着すれば良い VR / AR 機器では，簡便に指の情報が取れるグローブ型機器も有効である．

51）工業用アームロボットの先端に小さな板を装着し，空中の任意の位置（&角度）に板を移動させることで，指先に力覚を与える試みが行われている．

52）正確な方向再現には，個々人の頭や耳介の形によって異なる **HRTF**（Head Related Transfer Function / 頭部伝達関数）と呼ばれる変換式を用いて音声信号を処理する必要がある．面白い応用としては，特定の方向から到来する音の成分を操作（例えば，低域強調&高域減衰，あるいは背景雑音成分を抑圧）することで，「何かがその方向に存在する**気配**」を感じさせることもできる．

53）奥行きを捉えることができる**距離画像カメラ**（Depth Camera）が使われている．通常のカメラでは検出が難しい手足の前後方向の姿勢のほか，壁や家具と人間との分離も容易になる．複数のカメラで**ステレオ視**（Stereo Vision）を行う手法が一般的だが，光の**到達時間**（Time of Flight）から距離を計算するものもある．

54）このほか，データグローブと同様に，センサを張り巡らせて腕や足の関節角を検出する特別な衣服が用いられることもある．NASA の一連の VR 研究に使われた装置には，手の動きを検出する「データグローブ」，身体の姿勢を検出する「データスーツ」のほか，頭に位置センサを取り付けるためにかぶる「データキャップ」，さらには，足が地面に接触していることを検知する「データサンダル」まであった．

55）VR においては，ユーザの居る現実的な空間については考慮されないので，狭い部屋で VR に興じていると，周囲の家具にぶつかったり，階段から転げ落ちたりするので注意が必要である（360 度の方向に歩ける**ルームランナー**（Treadmill）も開発されている）．

④ インタフェースの仕組み（定番から未来まで）　125

56) ほぼ同様の考え方に，**複合現実**（Mixed Reality，**MR** と略）もある．

57) 嗅覚細胞や味覚細胞，あるいは皮膚への電気刺激で「違和感」を表現することができるほか，人間が音として知覚できない「超低周波音」を使うと，「圧迫感」や「不安感」を感じさせることができる．

58) パラリンピックの短距離走を見てもわかるように，適切にデザインされた装具は，既に生身の人間の能力を凌駕するレベルに達している．同じように Augmented Human の技術を使うと，本来の人間の能力を遥かに超えたレベルでの「スーパー競技」が可能になる（例えば，選手が全方位視覚や鳥瞰図視覚を備えていると，サッカーやラグビーは全く違ったものになるだろう）．ひょっとすると将来のオリンピックは，「ノーマル部門」と共に「超人部門」が設定され，強化人間達が我々の想像を超えた領域で戦っているかもしれない．
（参考）超人スポーツ協会：http://superhuman-sports.org/

59) このほかに，画面を特定の周期（例：19 Hz）で点滅させ，その領域を見つめた時に後頭部（視覚野）に同じ周期の脳波が現れる（定常状態視覚誘発電 / Steady State Visual evoked potentials，**SSVEP** と略）ことを用いる手法もある．画面をいくつかの領域に分割し，それぞれを異なった周期で点滅させれば，ユーザが見ている領域が検出できる．単純な視線検出ではなく，「意識を持って見ている」ことが検出できるとされるため，かつては戦闘機パイロットのための入力インタフェースとして研究されていたこともある（戦闘機のパイロットは，既に手足や耳など，全感覚を操縦に使っているため，「プラスワン」の入力手段が必要とされていた）．

60) BMI を扱った映画や小説はいくつもあるが，お勧めは BrainStorm（米映画，Douglas Trumbull 監督，1983 年）と，The Genesis Machine（米小説，James P. Hogan 著，日本語版は「創世記機械（創元 SF 文庫）」）である．前者は超伝導磁気センサ・光テープによる大容量記録装置・感覚フィードバックの微調整（コンピュータ基板上の小さな DIP スイッチを操作することで，特定の感覚情報を遮断する）等，細かな描写が秀逸．後者は入力だけでなく出力も本人の「思考」として脳に直結する「BIAC: Bio Inter-Active Computer」という装置が出てくる．作者の Hogan はもと DEC（Digital Equipment，米国のミニコンピュータメーカ）の元技術者で SF 考証には定評がある）．

インタフェース製作の勘どころ
五ヶ条（+α）

　最後に，インタフェースデバイス，並びに一般的なインタフェースシステムの製作時に役立ついくつかの考え方を「勘どころ」として紹介する．

其ノ一：「何でも屋」になろう．

　通常，「何でも屋」という言葉は，「一通りできるが，全てが中途半端」という，あまり良くない意味で使われることが多い．しかしながら，こと「インタフェース」作りにおいては，「何でも屋」であることは大きな強みになる．

　本書の冒頭でも述べたように，例えば「ボール式マウス」には，電気回路・メカ（材料技術）・ソフトウェアなど，多岐に渡る分野の技術が含まれている．仮にこの中の一部に問題があれば，結果的に「ダメなインタフェース」ができてしまうことになる．したがって，インタフェースの設計者は，全ての構成要素について，現在の

技術レベルを把握した上で，最適な実現手法を考える必要がある（そのためには，新技術の継続的なウォッチは欠かせない）[1].

其ノ二：「速さ」を常に意識しよう．

第1章でも述べたように，「良いインタフェース」の評価尺度は様々であるが，本書では「速い（＝早く目的を達成できる）」に代表させている．インタフェースを作る際には，常に「1秒でも速くできないか？」を問い続けるようにしよう[2].

特に，自分でテストしていて「あれ？」と引っかかる箇所を見逃さないようにしたい．改善の必要がある場合が多いからである（例えば，「ボタンを押した（と思った）のに反応しない」・「カーソルをアイコンに合わせにくい」・「ボタンが見つけにくい」等）．ただし，何度も繰り返しているうちに開発者自身が慣れてしまって気にならなくなる場合があるので，ときどきは（フレッシュな）ユーザに試用して貰い，操作時間を測定したり，感想を聞いたりするのが望ましい[3].

其ノ三：K.I.S.S. で行こう．

「K.I.S.S.」とは，"Keep It Simple, Stupid!（もっと単純にしようよ！）" の略である．つまり，要求条件を満たす「最も単純な」方法を選ぶ，という意味であり，特にハードウェアを作る際には有効な考え方である（シンプルなものは故障しにくく，低コストなことが多い）．将来の実用化を想定している場合には，最初の設計段階から，安価で大量生産に向いた方式かどうかを考えるようにしたい．

ただし，開発過程での日々の問題解決（「付け加え型」になりが

ちである）に伴って，当初の「シンプルさ」が失われてしまうことが多々ある[4]．ときどきは立ち止まって「必要以上に複雑になっていないか？」を考え直してみることも必要である（場合によってはイチからやり直す方が良いこともある）．

其ノ四：「世界観」を統一しよう．

ソフトウェアを含めた一連のインタフェースシステムを設計する際には，全ての場面において，同じ操作方法や同じ表現方法を貫くことが重要である（「**UX**（User Experience）の一貫性を保つ」と言っても良い）[5]．

例えば，多くのコンピュータでは，［カット（Cut）］／［コピー（Copy）］／［ペースト（Paste）］のキーボードショートカットは，Control＋X／C／Vのキーに割り当てられていることが多い．同様に，「中断（Escape）」は操作パネルの左上，「後退削除（Backspace）」は右上にあることが多い．これら「暗黙の常識」を利用することで，操作時の混乱を少なくすることができる．なお，大きなプロジェクトなど，一人のデザイナーによる監修が難しい場合は，「インタフェースガイドライン」を作るのが効果的である[6]．

其ノ五：「目的外使用」で課題解決．

TRIZ（3章の注釈12）の項で述べたように，現在検討中の問題が，他の分野では常に解決済であることがしばしばある．インタフェース機器の場合も，今作っている装置に，本来別の目的で作られた部品が流用できることがしばしばある．特に，考えた機能が動作するかどうかを検証するための検証試作（Dirty Prototyping（＝汚い試作）と言われることもある）では，イチから部品を作成する

より，製作の手間やコストを減らせる場合がある[7]．また，既存の機構部品の形状や材料等は，耐久性を確保しつつシンプル（＝安価）な構造にするための「勘どころ」を知ることにも繋がる．

部品や素材の入手先としては，大型クラフトショップ（東急ハンズ等）やホームセンター（工具・資材のほかに，日用品類も豊富）が一般的だが，文具店・手芸店・玩具店等も欠かせない．特に玩具は，製品を安価に作るためのノウハウの固まりなので，ぜひバラして内部を見てほしい[8]．また，同じ物を大量に買いたい場合には，各地にある「問屋街」も覗いてみたい（ただし，小売りをしてくれない場合もあるので注意）．

これらの店における，「モノ探し」のコツは，目的とする部品のサイズ・形状・材質等を頭に思い浮かべながら，(1) 同じような形状のモノ（例：棒状，球状，板状，パイプ，紐，螺旋…）や，(2) 同じような動きや制約条件があるモノ（例：磁性体，透明，鏡，粘着，断熱…）がないか，棚の端から端まで**スキャン**（Scan）して回ることである．

もちろん，モノ探しは店に行った時だけに限らない．常日頃から「使えそうなものはないか」とアンテナを張っておくことも重要である．解決策は意外と近くに転がっていることが多いのだ．

おまけ：インタフェースデバイス（ハードウェア）
製作時の注意点

ここでは特に，「ハードウェア」としてのインタフェースデバイス製作時の注意点を述べておく．ハードウェア（電気的な部分と機械的な部分の両方）の場合，適切な設計や実装をしておかないと，予想外のトラブルに見舞われることが少なくない．以下にハードウ

インタフェース製作の勘どころ五ヶ条（+α） 131

ェアを設計&実装する時に気をつけるべき項目をいくつか挙げておく[9].

● シールドをしっかり

アナログ回路の基本である．シールドが甘いとセンサの信号に予想外のノイズ（電源ハムの50&60 Hzが一番多い）が入ってぼろぼろになることが多い．できればアナログ回路全体をシールドで覆うようにしたい（銅箔テープで包んでグラウンドに落とすのが簡単）．信号をケーブルで引き回す場合はシールド線を使い，可能な限り距離を短くする（ハイインピーダンスのアナログ信号線をシールドせずに長く引き回すのは絶対ダメ！）．特にセンサの場合，出力インピーダンスが高いことが多いので，ケーブルを長く伸ばさなければならない場合は，センサの直後にプリアンプやインピーダンス変換回路を入れておくようにしたい．

● 綺麗で安定した電源の確保

同様に，電源からのノイズの回り込みも見落とされやすい．電池では動くのにACアダプタやUSB給電では動かない場合は，電源が「汚れている」ことが多い（電源端子をオシロスコープで観察してみて，変なノイズが載っていないか確認したい）．この場合，適切なフィルタを電源部分に入れることで解決できる場合がある．反対に，ACアダプタでは動くのに電池で動かない場合，電源が「弱い」ことが考えられる．想定以上の電力消費によって電源電圧が変動すると，アナログ回路にノイズとなって表れてしまう．電源を強化する（電池のサイズを大きくする）のが王道であるが，変動が短時間の場合は，大きめのコンデンサを電源部分につけることで改善できることも多い．なお，見落とされがちなのが，DC–DCコンバータが発するノイズである．特にポータブル機器では，電池の電

圧を DC-DC コンバータで 3.3 V や 5 V に昇圧して使うことが多いが，出力にかなりの高周波ノイズが混じっていることが多く，センサ等のアナログ信号を使う場合に問題となりやすい．機器のサイズに余裕があれば，電池を直列にして昇圧回路を使わずに済ませたい（**リニア**（Linear）方式の安定化電源回路は，効率は落ちるがノイズが少ない）．このほか，一度昇圧した後に，（リニア式の）降圧回路を通す方法もある．

● 「付け根」部分の断線に注意

コネクタや線の「付け根」の部分は，使っているうちに何度も機械的ストレスを受けるため，断線してしまうことが多々ある．しばらく使ってみて，同じ箇所が 2 度以上断線するようであれば，その部分にストレスがかかっていると見て良い．コネクタから線を引き出す部分は，端子にハンダ付けしたままにせず，テープで巻く等の補強をしておくべきである（「ホットメルト」という熱可塑式の接着剤で固めるのがお勧め）．また，外部にケーブルを引き出す場合，コネクタ部分に直接機械的なストレスがかからないように，少し手前で一度（軟らかいゴム等で）線を固定するようにしたい（家電製品やオモチャを分解してみれば，どのようにケーブルが止められているかがわかる）．

● 弱い部分から壊れる（場数を踏めば強くなる）

機械的な構造についても同じことが言える．使っているうちに特定の部分が度々壊れるようであれば，その部分の強度が足りていない証拠である．特に柱や壁の立ち上がり部分や部品の接合部は，力が集中するために壊れやすい．部品を肉厚にする，角にカーブをつける，リブを入れる等，強くするための設計を心がけるようにしたい．なお，最初の設計で考えが足りていなかった部分などは，何度

か使ううちに必ずボロが出て壊れてくれるので，テストやリハーサルを何度も行うことで，「弱い部分」をあぶり出すことができる．

Box 8 「おしゃれなデザイン」は使いにくさのサイン！？

　本書では基本的に，「良いインタフェース」を作るための秘訣を述べている．しかし不幸なことに，世の中には「悪いインタフェース」が少なからず存在する．多くのものは，本書で述べているように「どうやればユーザが戸惑わずに素早い操作が可能か」を考えていれば回避できるはずなのだが，しばしば問題になるのが，設計担当者の無理解による「ミテクレ（＝ 表面的な「デザイン」）への過剰なこだわり」である．この「ダメな例」は，トイレの案内板等でよく見ることができる．通常，トイレの案内板は，一目でわかるように，男性は青で書かれたシャープな形状の人形（スーツやズボンを表現），女性は赤で書かれた丸みを帯びた形状の人形（ドレスやスカートを表現）のアイコンで表されることが多い（例えば日本では JIS Z 8210，世界では ISO 7001といった工業規格で規定されている）．しかし，建物の「統一されたデザイン」（※皮肉です）を重要視したために見分けがつきにくくなったものが少なからずある（例えば，男女両方共同じ色，しかも一目で男女の区別がつかないような「カッコ良いデザイン」（※もちろん皮肉です））．同様の例は，道路に埋め込まれている「点字ブロック」でも見られる．点字ブロックには，視覚障碍者に対してデコボコ（＝ **触覚情報**）を用いて通路や分岐点の情報を伝えると同時に，弱視の人が見やすいように周囲との**輝度差**を確保（輝度比 2.0 以上が推奨）することが求められる（多くの場合，道路が暗い色なので明るい黄色が使われている）．ところがここでも，「建物や街の統一的なデザインを重視して」（※当然皮肉です），目立ちにくい色のブロックが使われることがあり，弱視者に対しての案内の役目を果たさなくなってしまっているものが少なからずある．上に述べたような例は，インタフェースとしては明らかに失格である．仮にあなたがこれらのインタフェースを**設**

計する側であれば，このようなものを選択すべきではない．また，設計を監修する側であれば，仮に「著名なデザイナー」の作品であっても，毅然とダメ出しをすべきである（操作時間など，客観的な数値を挙げるのが効果的）．賞を受けて喜ぶのはデザイナーや建築家だけであり，ミテクレばかり良くて使いにくいインタフェースの被害を受けるのは，我々ユーザの側なのだから．

Box 9 「インタフェース屋の眼」を持とう

　もしあなたが「インタフェースを作りたい」と思っているなら，「インタフェース屋の眼（観察眼）」を磨くことをお勧めする．具体的には，日常生活の中で「使いにくいな…」・「あれ？」・「おかしいな…」・「変だな…」と思った瞬間を見逃さないようにしたい．「使いにくい」と思ったということは，何かそこに改良の余地がある，ということを意味する．残念ながら，ほとんどの人はこのチャンスを見逃してしまう上，使っているうちに慣れて気にならなくなる．一人のユーザとしてはそれで良いかもしれないが，世の中の膨大なユーザが同じ場所で引っかかっている，と考えるべきである．このような場合，「インタフェース屋」としては，なぜ「使いにくい」と思ったのかを分析した上で，解決方法を考えるようにしたい（これだけでも十分に訓練になるが，できれば実際に造って確かめてみてほしい）．解決すべき課題（および解決のヒント）は身の周りに転がっていることが多いので，24時間常にアンテナを張っておき，見逃さないようにしたい．あなたのアイディアが大きなブレークスルーになるかもしれないのだ．

【付録 注釈】

1) 「インタフェース屋」さんには，いわゆる「雑学」に詳しい人が多い．一見関係無さそうな技術分野でも，問題解決の糸口になる場合があるからだ．もちろん，全ての要素技術のエキスパートになるのが理想だが，スーパーマンでない限り難しいので，基本的な事柄について広く知っておけば十分である．実際の設計に当たっては，それぞれの技術分野のエキスパート（＝「神様」と呼ばれている）の力を借りれば良い．

2) 第2章の注釈2の試算も参照のこと．

3) ただし，一般的なユーザは「どこが引っかかったか」を明確に答えてくれないことが多い．そこで，操作の様子をビデオで録画しておき，操作誤りが発生した箇所やユーザの動作が止まった箇所（＝操作方法がわからずに戸惑っていることが多い）に注目するのが効果的である．

4) 古典的なガソリンエンジンの部品にキャブレター（Carburetor／気化器）がある．空気の流れによって生じる負の圧力を用いて液体燃料（ガソリン）を吸い出すと共に気化混合させる仕組みである．単純な構造ながら確実に動作するため，初期のエンジンでは広く使われていた．しかしながら，次々に発生する要求（迅速な加速・アイドリングと高回転時双方の安定性・寒冷地や高地対策等々）に対して逐次的な対応を繰り返した結果，当初のシンプルさを失ってしまい，非常に複雑で調整がしにくいものになってしまった．結局，逐次的な改良では厳しくなった環境基準に対応できず，全く構造の異なる電子制御式燃料噴射機構（Fuel Injection System，高圧の液体燃料をコンピュータ制御された電磁バルブで噴射する方式）に駆逐されてしまうことになる．

5) 操作方法が統一されていない悪い例（＝BADUI）としては，コンビニ等に置いてある簡易型のATMがある．多くの機種では物理的なテンキーパッドが備えられているが，振込先口座番号等の入力画面では使えない（タッチスクリーンのテンキーのみ有効）ことがある（どうやら，「物理キーは暗証番号と金額入力専用」という考え方らしいが，ユーザにとっては金額も暗証番号も口座番号も全部「数字」なので，一部だけ別扱いにする意味がわからない）．

6) インタフェース設計のガイドラインの先駆的存在としては，"Macintosh

Human Interface Guidelines" がある．1980 年代に作られたものだが，現在でも十分通用する．現在では，多くのシステムが同様のガイドラインを設けている．なお，ガイドラインは作るだけでは不十分であり，「守らせる」ことが大事である．組織によっては，「守らないと製品として出荷させない」という厳しい基準を設けているところもある．

7) 実際に行った「流用」の例としては，簡単に装着できる腕時計型インタフェースを作る際に，駄菓子屋で買ったオモチャの「手錠」を使ったり，ワンタッチで収納可能な小型コードリール機構を作る際に，手芸店で買った「巻尺」の機構を使ったりしたことがある．ただし最近では，いちいち店で探す手間をかけずに，3 次元プリンタ等のラピッドプロトタピング（Rapid Prototyping）機材で作ってしまった方が早いことも…

8) ファービー（Furby）という対話玩具（※初代）は，喋るのに合わせて眼・耳・口が（時には個別に，時には連動して）動くのだが，この動きは一つのモータだけで作られている（巧妙にデザインされたカムを介して，眼・耳・口の動きに変換する仕組み）．

9) 電気回路周りの設計＆実装技術については，例えば「トランジスタ技術」誌（CQ 出版，略称は「トラ技」）等に詳しく載っている．同誌には各種参考回路等も載っているので，数年分ストックしておけば，何かと便利である．

あとがき

1980年前後，当時マイコン（Micro Computer の略）と呼ばれていたパーソナルコンピュータは，まだまだ高価なものでした（安価なものでも20万円程度，上は100万円超）．マウスはまだなく，唯一の入力インタフェースであったキーボードは，「質実剛健」という言葉が似合う工業製品でした．その後の半導体技術の進化によって，コンピュータの性能は劇的に向上し，価格も大幅に安くなりましたが，同時にキーボードもコストダウンの波に飲まれました（現在，一般的なパソコン用キーボードの原価は，数百円とも言われます）．

確かにキーボードとしては正常に動作します（キーを押せば文字が入力される）が，剛性の少なさや本体の安定感は昔のものにかないません．タイピングの際に操作面がたわんだり，本体が動いてしまうようでは，正確に速く入力することはできなくなります（剛性や安定感を出すためには，分厚い金属等の「重い」材料が沢山必要であり，コストに直結します）．結果的に，旧い時代のキーボードを使い続けている人が，少なからずいます（筆者が今使っているキーボードも1984年製です）．本文の「ハンドセット（受話器）」の項でも述べましたが，インタフェースの場合，新しいものが必ずしも使いやすいとは限りません．

インタフェースを考える上で問題になるのが，「慣れ」の存在です．どんなに「悪い」インタフェースでも，使い続けるうちにそれ

なりの性能を出せるようになり，やがては使いにくかったことすら
忘れてしまいます．「慣れ」はもともと，劣悪な環境でも生き延び
て行くために人類が獲得してきた素晴らしい仕組みなのですが，結
果的に，「悪い」インタフェースが無くならない原因のひとつにな
ってしまっています．

　特に初心者は，仮にうまくいかなかったとしても，「自分が悪い」
と考えてしまいがちです．（日本人の気質とも言われますが）何と
かうまく使えるようになりたいと，誰にも言わずに一生懸命練習し
たりします．一方，メーカー等インタフェースの供給側にしてみれ
ば，苦情が出ない＝顧客が満足している，ということになります．
結果的にダメな設計でも「正しかった」と判断され，無茶なコスト
ダウンや過度の「デザイン（＝ミテクレ）」偏重の動きに繋がるの
です．

　あなたが操作につまづいたり，使いにくいと感じる箇所は，他
のユーザも引っかかる「トラップ（罠）」であることが多いのです．
不適切な設計が，あなた一人だけでなく，全ユーザの貴重な時間
を奪っている，と考えるべきです（第2章の注釈2も参照のこと）．
インタフェースに興味がある人は，「使いにくい」ことにも敏感で
す．もし「使いにくい」と感じたら，（慣れてしまう前に）声を上
げましょう（ただし，やりすぎてクレーマーと言われないように注
意）．幸運なことに，今は「ネット」という場所があり，昔に比べ
てユーザ個々人が声を上げやすい環境にあると言えます（以前は新
聞や雑誌の投書欄に書くぐらいしか方法が無かった）．大勢が声を
上げれば，供給側も「使いやすいこと」が製品の評判や売れ行きに
繋がると気づくでしょう．

もちろん，「良いインタフェースを作ること」が，我々インタフェース屋の最大の使命です．それと共に，社会から悪いインタフェースをなくすことも，インタフェース屋に課せられた責務ではないでしょうか？

2016 年 12 月　AQI400 超の北京の空の下で
福本雅朗

とことんこだわるインタフェースデバイスづくりの神髄

コーディネーター　土井美和子

筆者は，共立スマートセレクション（情報系）で人間情報学分野のコーディネーターを務めています．ここでは同分野での2冊目となる『インタフェースデバイスのつくりかた—その仕組みと勘どころ—』を紹介します．著者はマイクロソフト・リサーチ（MSR）の福本雅朗さんです．

過去の話で恐縮ですが，福本さんが日本で働かれていた頃，ヒューマンインタフェースシンポジウムやCEATECなどにおいて，福本さんが今度はどのようなインタフェースデバイスを発表されるのかということを，筆者は毎回楽しみにしていました．福本さんが発表されているのは，本書でも取り上げられている「指輪型キーボード」や「手首装着型ハンドセット」だけではありません．「押すとクリック感が返ってくるタッチパネル」や「眼で操作できるイヤホン（真鍋氏との共著）」，「装着するだけで自分の顔全体が撮影できる眼鏡（木村氏ほかとの共著）」等，多数あります．

このように多くのインタフェースデバイスを生み出す福本さんの原動力は，「24時間ニュウリョクデキマスカ？」[1]にあると思います．筆者らも直感的に使えるものを目指して，写真のようなインタフェースデバイスなどを作ってきましたが，自分自身で作成されたインタフェースデバイスの説明をされる福本さんの喜びに満ちた姿はいつも印象的なものでした．

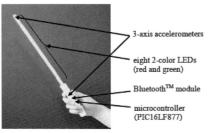

写真　Magical Wang.

出典：Kazushige Ouchi, Naoki Esaka, Yuka Tamura, Morio Hirahara, and Miwako Doi, MagicWand An Intuitive Gesture Remote control for Home Appliance, *Proc. of AMT* 2005 (2005.5).

　そのような訳で，本シリーズの人間情報学分野のコーディネーターとして，インタフェースデバイスをテーマに挙げたときには，福本さんに書いていただくことが念頭にありました．福本さんは執筆当時，北京在住であり，それほど遠くはないのですが，2014年の秋にメールにてご執筆をお願いしてから刊行までの間，すべて電子的なやり取りのみで進めてまいりました．

　その間，福本さんは本業の傍ら，原稿執筆だけでなく，米国カリフォルニア州のマウンテンビューにあるコンピュータ歴史博物館まで出向き，本書に掲載されている多くの歴史的インタフェースデバイスの写真撮影までしていただいています．行動派の福本さんならではのエピソードと思いますが，福本さんは行動力だけでなく，インタフェースデバイスづくりの緻密さにも秀でられています．そのことは本書に目を通していただければ，すぐに伝わってくるでしょう．

　今回，コーディネーターとして解説を書くにあたって，先述の「24時間ニュウリョクデキマスカ？」という福本さんの思いはいつ

とことんこだわるインタフェースデバイスづくりの神髄　　143

頃から持たれているものか，興味が湧いてきました．そこで，本書
の 2.4 節「ステップ 4　既存技術の調査」で触れられているように，
サーベイしてみました．

　具体的には，特許情報プラットフォーム J-Plat Pat[2]で，福本さ
んの名前で検索をかけました．ヒットした 118 件を古いものから見
ていったところ，1993 年 10 月出願の特開平 07—110735「装着型ペ
ン入力装置」を見つけました．福本さんが NTT の研究所に入社
された当初は，上司と連名で画像処理を用いたジェスチャーイン
タフェースの特許などを出願されていたようですが，上記の特許
は福本さんの単名で，しかも目的は「入力動作を，"何時でも何処
でもすぐに" 行うことができる装着型ペン入力装置を提供するこ
と」です．ウェアラブルコンピューティングの先駆者である Thad
Starner 氏が研究を始めたのが 1993 年なので[3]，それとほとんど同
じ頃のことです．福本さんがこれほどで早くから「24 時間ニュウ
リョクデキマスカ？」の思いを持っていたとは知りませんでした．
本書でも指摘されている通り，サーベイは大事なことですね．

　本書において，さらに大事なのは，福本さんがこだわった「イン
タフェース製作の勘どころ五ヶ条」でしょう．筆者もこの五ヶ条や
その他の随所で「そうだよね」と相槌を打ちながら読み進めたので
すが，このようにインタフェース製作の「勘どころ」をきちんと整
理したことはなく，改めて納得した次第です．この五ヶ条を読んだ
ことで，筆者を含めたヒューマンインタフェース屋さんは，「何でも
も屋」であることに肩身を狭くするのではなく，堂々と胸を張るべ
きだ，との意を強くされることでしょう．

　福本さんのインタフェースデバイス作りにかける思いと喜びがた

くさん詰まった本書を読んでいただくことによって，新たに多くの方がモノづくりに挑戦されて，そして，これまでモノづくりに携わってきた方が，自分の進んできた道は間違いではなかったとの認識を新たにしていただくことを，コーディネーターとして祈っております．

[1] 福本雅朗「実世界に近づくインタフェース技術：24時間ニュウリョクデキマスカ？　〜Wearable なインタフェース〜」，情報処理学会誌，Vol.41, No.2, pp.123-126（2000）.

[2] https://www.j-platpat.inpit.go.jp/web/all/top/BTmTopPage

[3] Thad Starner, http://www.cc.gatech.edu/~thad/01_cv.htm

索　引

【英数字】

16 進数キー　3
2 タッチ入力　72
3D ディスプレイ　91
3 次元ディスプレイ　91
7 セグメントディスプレイ　4
Activation コマンド　46
α 波　112
ALS　112
AR　33,109
ASCII　11
ASCII コード　3
Augmented Human　111
BADUI　24
BCI　112
β 波　112
Bluetooth　65
BMI　112
CLI　12
Command Line Interface　12
Console User Interface　12
CRT　86
CUI　4,12
Deactivation コマンド　46
DMD　91
EL　90
EMG　101
EOG　102
FED 式　119

FES　103
fMRI　114
Google Scholar　21
Graphical User Interface　12
GUI　12
GVS　103
HCI　10
HDMI　11
HI　10
HMD　64,97,105
HMM　120
ITO　84
JIS　11
KJ 法　34
LAN　122
LCD　88
LED　78,90
MEG　114
MEMS　91
MFCC　120
Midas Touch　63
MR　125
NIRS　115
OLED　119
PAN　122
PC　2
QWERTY 式　74
RS232C　11
Sleep コマンド　46
SMA　95

TFT 90	金型 75
TMS 103	感圧抵抗 80
TRIZ 34	感覚器官 6,30,61
TTS 95	乾式電極 103
USB 11	間接操作型 85
VR 33,106	眼電 101
Wakeup コマンド 46	キーピッチ 61
WAN 122	キーボード 6,30,67
	キーボードショートカット 25

【あ】

嗅覚 96

アーチファクト 103	強膜反射法 98
アクチュエータ 95	巨人の肩の上に立つ 26
アクティブマトリクス 89	距離画像カメラ 124
圧電素子 95	筋電 101
アナログコンピュータ 10	クラウドコンピューティング 104
位置合わせ 110	クリック 71
インタフェース 2	クロストーク 89
インタフェースデバイス 6,10,30	形状 33
ウェアラブル 30,97	形状記憶合金 95
ウェアラブル・インタフェース 97	ゲートウェイ 100
ウェアラブル・コンピュータ 104	限界性能 17
動き 33	検知機構 6
液晶ディスプレイ 88	光学シースルー 110
オーバーレイ 70	光線空間型ディスプレイ 92,119
オズボーンのチェックリスト 34	コーン 66
オプティカルフロー 78	骨伝導 54
音声合成 94	骨伝導スピーカ 65
音声認識 94	骨伝導マイクロホン 120
音場再生 108	コンピュータ 1

【か】	**【さ】**
カーソルキー 73	サーベイ 20
学習曲線 17	サイボーグ 111
拡張現実 33,109	座屈バネ 116
拡張人間 111	参考文献 22
角膜反射法 98	シースルー 109
仮想現実 33,106	閾値 39
画像表示装置 86	視線入力 98

索引 147

湿式電極　103
シミュレーション　106
受話器　48
初期性能　17
触覚　95
触覚フィードバック　61,72
触感　95
自律航法　99
人体通信　100
スイッチ　68
スクリーンキーボード　70
スクロールバー　79
スティック型ポインタ　80
ステレオ再生　108
ステレオ視　124
ストローク　42
スマートホン　49
生体情報　101
静電容量センサ　80
絶対位置指定型　83
センシング手段　22
前庭　103
操作器官　5,30,60
相対位置指定型　83
ソフトウェア　6,12
ソフトウェアキーボード　70

【た】

ダイアログ　25
タクトスイッチ　71
打鍵動作　33
タッチスクリーン　84
タッチパッド　83
タッチパネル　70,84
達磨さんコマンド　46
注釈　109
直接操作型　85
提示機構　6

提示手段　22
ディスプレイ　6,30,86
データグローブ　107
適応的エコーキャンセル　66
適応ノイズキャンセリング　94
デジタルコンピュータ　10
デバイスドライバ　12
デバッグ　16
デファクトスタンダード　74
テンキー　3
電子計算機　1
電子銃　86
電磁錘型　95
電子ペーパー　92
電磁誘導式　84
投影　91
透過式液晶　118
導光板　90
特許情報プラットフォーム　22
ドラッグ　79
トラックパッド　82
トラックボール　80

【な】

ノイズ　103
ノイズキャンセリング　49,94
ノイズキャンセリングヘッドホン　94
ノイマン型　10
ノイマン型デジタルコンピュータ　9
脳波　112

【は】

パーソナルコンピュータ　2
ハードウェア　6
パームレスト　67
薄膜トランジスタ　90
発光ダイオード　78,90
パッシブマトリクス　89

反射式液晶　118
ハンズフリー　20
バンドパスフィルタ　38
ビームフォーミング　94
ピエゾ　95
歪みゲージ　80,107
ビット　40
ビデオシースルー　110
微分解析機　10
ヒューマン・コンピュータ・インタフェース　10
ピンチ　85
複合現実　125
ブラウン管　86
プラズマ式　119
ブラッシュアップ　23
フリッカテスト　24
フリック入力　73,86
フレームレート　118
プログラム　10
プロジェクタ　91
プロトコル　10,12
ベクトルスキャン　117
ヘッドセット　49,94
ペルチェ素子　108
偏光板　88
ペンタブレット　84
ポインティングデバイス　73,77
ホームポジション　81
ポケットベル　72
ホトトランジスタ　78
ホバー　82
ボリュームディスプレイ　92
ホログラフィー　119

【ま】

マイダスタッチ　63

マインドマップ　34
マウス　6,7,77
マウスホイール　78
マルチタッチ　82,85
マルチタップ　73
味覚　96
ミダースタッチ　63,105
メカニカルスイッチ　69
メモリ　10
メンブレン（膜）スイッチ　69
モーションキャプチャ　109
モータ　95
モールス符号　11,43
文字コード　3,11
モバイル　97

【や】

有機EL　119
ユビキタス　100
予測変換　73

【ら】

ラースタースキャン　117
ラバー（ゴム）スイッチ　69
ラバーカップ　71
力覚　95
リフレッシュレート　118
両眼視差式3D　92
ルームランナー　124
冷陰極管　90
ロータリーエンコーダ　77

【わ】

和音キーボード　41

memo

memo

著　者

福本雅朗（ふくもと　まさあき）

1990 年　電気通信大学大学院博士前期課程修了

現　　在　Microsoft Research, Lead Researcher, 博士（工学）

専　　門　ヒューマンインタフェースデバイス

　　　　　ポータブル＆ウェアラブルコンピュータ

コーディネーター

土井美和子（どい　みわこ）

1979 年　東京大学大学院工学系研究科修士課程修了

現　　在　国立研究開発法人情報通信研究機構 監事 博士（工学）

専　　門　ヒューマンインタフェース

共立スマートセレクション 11
Kyoritsu Smart Selection 11
インタフェースデバイスのつくりかた
　　—その仕組みと勘どころ—
How to Make Interface Devices
　—Mechanisms and Essences—

2016 年 12 月 25 日　初版 1 刷発行

検印廃止

NDC 501.8, 548.2

ISBN 978-4-320-00911-0

著　者　福本雅朗　　© 2016

コーディ
ネーター　土井美和子

発行者　南條光章

発行所　**共立出版株式会社**
　　　　郵便番号　112-0006
　　　　東京都文京区小日向 4-6-19
　　　　電話　03-3947-2511（代表）
　　　　振替口座　00110-2-57035
　　　　http://www.kyoritsu-pub.co.jp/

印　刷　大日本法令印刷
製　本　加藤製本

一般社団法人
自然科学書協会
会員

Printed in Japan

|JCOPY|　＜出版者著作権管理機構委託出版物＞

本書の無断複製は著作権法上での例外を除き禁じられています．複製される場合は，そのつど事前に，出版者著作権管理機構（TEL：03-3513-6969，FAX：03-3513-6979，e-mail：info@jcopy.or.jp）の許諾を得てください．

見つかる〈未来〉，深まる〈知識〉，広がる〈世界〉

共立 スマート セレクション

本シリーズでは，自然科学の各分野におけるスペシャリストがコーディネーターとなり，「面白い」「重要」「役立つ」「知識が深まる」「最先端」をキーワードにテーマを精選しました。
第一線で研究に携わる著者が，自身の研究内容も交えつつ，それぞれのテーマを面白く，正確に，専門知識がなくとも読み進められるようにわかりやすく解説します。日進月歩を遂げる今日の自然科学の世界を，気軽にお楽しみください。

【各巻：B6判・並製本・税別本体価格】

❶ 海の生き物はなぜ多様な性を示すのか
―数学で解き明かす謎―
山口　幸著／コーディネーター：巌佐　庸
目次：海洋生物の多様な性／海洋生物の最適な生き方を探る／他 176頁・本体1800円

❷ 宇宙食 ―人間は宇宙で何を食べてきたのか―
田島　眞著／コーディネーター：西成勝好
目次：宇宙食の歴史／宇宙食に求められる条件／NASAアポロ計画で導入された食品加工技術／他・・・・・・・126頁・本体1600円

❸ 次世代ものづくりのための電気・機械一体モデル
長松昌男著／コーディネーター：萩原一郎
目次：力学の再構成／電磁気学への入口／電気と機械の相似関係／物理機能線図
・・・・・・・・・・・・・・・・200頁・本体1800円

❹ 現代乳酸菌科学 ―未病・予防医学への挑戦―
杉山政則著／コーディネーター：矢嶋信浩
目次：腸内細菌叢／肥満と精神疾患と腸内細菌叢／乳酸菌の種類とその特徴／乳酸菌のゲノムを覗く／他・・・142頁・本体1600円

❺ オーストラリアの荒野によみがえる原始生命
杉谷健一郎著／コーディネーター：掛川　武
目次：「太古代」とは？／太古代の生命痕跡／現生生物に見る多様性と生態系／謎の太古代大型微化石／他・・・248頁・本体1800円

❻ 行動情報処理 ―自動運転システムとの共生を目指して―
武田一哉著／コーディネーター：土井美和子
目次：行動情報処理のための基礎知識／行動から個性を知る／行動から人の状態を推定する／他・・・・・・・・100頁・本体1600円

❼ サイバーセキュリティ入門
―私たちを取り巻く光と闇―
猪俣敦夫著／コーディネーター：井上克郎
目次：インターネットにおけるサイバー攻撃／他・・・・・・・・・・・・・・・240頁・本体1600円

❽ ウナギの保全生態学
海部健三著／コーディネーター：鷲谷いづみ
目次：ニホンウナギの生態／ニホンウナギの現状／ニホンウナギの保全と持続的利用のための11の提言／他 168頁・本体1600円

❾ ICT未来予想図
―自動運転，知能化都市，ロボット実装に向けて―
土井美和子著／コーディネーター：原　隆浩
目次：ICTと社会とのインタラクション／自動運転システム／他 128頁・本体1600円

❿ 美の起源 ―アートの行動生物学―
渡辺　茂著／コーディネーター：長谷川寿一
目次：経験科学としての美学の成り立ち／美の進化的起源／美の神経科学／動物たちの芸術的活動／他・・・・・164頁・本体1800円

⓫ インタフェースデバイスのつくりかた
―その仕組みと勘どころ―
福本雅朗著／コーディネーター：土井美和子
目次：インタフェースとは何か？／インタフェースの仕組み／他 160頁・本体1600円

⓬ 現代暗号のしくみ
―共通鍵暗号，公開鍵暗号から高機能暗号まで―
中西　透著／コーディネーター：井上克郎
目次：暗号とは？／共通鍵暗号／公開鍵暗号／他・・・・・・・・・・・・・2017年1月発売予定

http://www.kyoritsu-pub.co.jp/　　共立出版　　（価格は変更される場合がございます）